읽으며 아는 연산

KB088272

1 큰 수

0 + 1 = 1
1 + 1 = 2
2 + 1 = 3
3 + 1 = 4
4 + 1 = 5
5 + 1 = 6
6 + 1 = 7
7 + 1 = 8
8 + 1 = 9
9 + 1 = 10

1 + 4 = 5
2 + 3 = 5
3 + 2 = 5
4 + 1 = 5

5 더하기

5 + 1 = 6
5 + 2 = 7
5 + 3 = 8
5 + 4 = 9

10이 되는 수

1 + 9 = 10
2 + 8 = 10
3 + 7 = 10
4 + 6 = 10
5 + 5 = 10
6 + 4 = 10
7 + 3 = 10
8 + 2 = 10
9 + 1 = 10
10 + 0 = 10

같은 수 더하기

1 + 1 = 2
2 + 2 = 4
3 + 3 = 6
4 + 4 = 8
5 + 5 = 10

2 더하기

2 + 4 = 6	4 + 2 = 6
2 + 5 = 7	5 + 2 = 7
2 + 6 = 8	6 + 2 = 8
2 + 7 = 9	7 + 2 =9

3 더하기

3 + 4 = 7	4 + 3 = 7
3 + 5 = 8	5 + 3 = 8
3 + 6 = 9	6 + 3 = 9

010-8952-9588

MATH COOKIE

읽으면 아는 연산

2 더하기

2 + 2 = 4
2 + 3 = 5
2 + 4 = 6
2 + 5 = 7
2 + 6 = 8
2 + 7 = 9
2 + 8 = 10

3 더하기

3 + 2 = 5
3 + 3 = 6
3 + 4 = 7
3 + 5 = 8
3 + 6 = 9
3 + 7 = 10

4 더하기

4 + 1 = 5
4 + 2 = 6
4 + 3 = 7
4 + 4 = 8
4 + 5 = 9
4 + 6 = 10

6 더하기

6 + 2 = 8
6 + 3 = 9
6 + 4 = 10

7 더하기

7 + 2 = 9
7 + 3 = 10

5 더하기

5 + 1 = 6
5 + 2 = 7
5 + 3 = 8
5 + 4 = 9
5 + 5 = 10

8 더하기

8 + 2 = 10

9 더하기

9 + 1 = 10

MATH
COOKIE

010-8952-9588

수학도 쿠키처럼 맛있게

첫 연산은 빠르게

첫 연산은 기억하기 쉽게

첫 연산은 노래하며 재미있게

다양한 맛으로 아이들을 사로잡는 매쓰쿠키

숫자 카드

5	0
6	1
7	2
8	3
9	4

수 카드

숫자 카드

5	0
6	1
7	2
8	3
9	4

수 카드

수 읽기

1	2	3	4	5	6	7	8	9	10
일, 하나	이, 둘	삼, 셋	사, 넷	오, 다섯	육, 여섯	칠, 일곱	팔, 여덟	구, 아홉	십, 열
11	**12**	**13**	**14**	**15**	**16**	**17**	**18**	**19**	**20**
십일, 열하나	십이, 열둘	십삼, 열셋	십사, 열넷	십오, 열다섯	십육, 열여섯	십칠, 열일곱	십팔, 열여덟	십구, 열아홉	이십, 스물
21	**22**	**23**	**24**	**25**	**26**	**27**	**28**	**29**	**30**
이십일. 스물하나	이십이, 스물둘	이십삼, 스물셋	이십사, 스물넷	이십오, 스물다섯	이십육, 스물여섯	이십칠, 스물일곱	이십팔, 스물여덟	이십구, 스물아홉	삼십, 서른
31	**32**	**33**	**34**	**35**	**36**	**37**	**38**	**39**	**40**
삼십일, 서른하나	삼십이, 서른둘	삼십삼, 서른셋	삼십사, 서른넷	삼십오, 서른다섯	삼십육, 서른여섯	삼십칠, 서른일곱	삼십팔, 서른여덟	삼십구, 서른아홉	사십, 마흔
41	**42**	**43**	**44**	**45**	**46**	**47**	**48**	**49**	**50**
사십일, 마흔하나	사십이, 마흔둘	사십삼, 마흔셋	사십사, 마흔넷	사십오, 마흔다섯	사십육, 마흔여섯	사십칠, 마흔일곱	사십팔, 마흔여덟	사십구, 마흔아홉	오십, 쉰
51	**52**	**53**	**54**	**55**	**56**	**57**	**58**	**59**	**60**
오십일, 쉰하나	오십이, 쉰둘	오십삼, 쉰셋	오십사, 쉰넷	오십오, 쉰다섯	오십육, 쉰여섯	오십칠, 쉰일곱	오십팔, 쉰여덟	오십구, 쉰아홉	육십, 예순
61	**62**	**63**	**64**	**65**	**66**	**67**	**68**	**69**	**70**
육십일, 예순하나	육십이, 예순둘	육십삼, 예순셋	육십사, 예순넷	육십오, 예순다섯	육십육, 예순여섯	육십칠, 예순일곱	육십팔, 예순여덟	육십구, 예순아홉	칠십, 일흔
71	**72**	**73**	**74**	**75**	**76**	**77**	**78**	**79**	**80**
칠십일, 일흔하나	칠십이, 일흔둘	칠십삼, 일흔셋	칠십사, 일흔넷	칠십오, 일흔다섯	칠십육, 일흔여섯	칠십칠, 일흔일곱	칠십팔, 일흔여덟	칠십구, 일흔아홉	팔십, 여든
81	**82**	**83**	**84**	**85**	**86**	**87**	**88**	**89**	**90**
팔십일, 여든하나	팔십이, 여든둘	팔십삼, 여든셋	팔십사, 여든넷	팔십오, 여든다섯	팔십육, 여든여섯	팔십칠, 여든일곱	팔십팔, 여든여덟	팔십구, 여든아홉	구십, 아흔
91	**92**	**93**	**94**	**95**	**96**	**97**	**98**	**99**	**100**
구십일, 아흔하나	구십이, 아흔둘	구십삼, 아흔셋	구십사, 아흔넷	구십오, 아흔다섯	구십육, 아흔여섯	구십칠, 아흔일곱	구십팔, 아흔여덟	구십구, 아흔아홉	백

1 어려운 연산은 NO

지루하고 반복되는 연산 학습은 그만~
이제 읽고 노래 부르며 익히는 덧셈의 수 패턴으로
기억하기 쉽고 재미있게 연산에 자신감을 심어줍니다.

2 덧셈과 뺄셈을 동시에

작은 수와 큰 수를 ●, ◆, ♥ 로 구별하여
덧셈과 뺄셈을 동시에 익히는 정확하고 바른 연산입니다.

3 교과와 연계된 다양한 유형의 문제

개정된 교과 과정에 맞추어 연산의 기본 유형 외에
여러가지 다양한 유형의 문제를 익힐 수 있습니다.

4 초등 방정식 익히기

덧셈과 뺄셈의 연관성을 이해하고 활용하여 식을
변형시키는 초등 방정식을 쉽게 익힙니다.

5 유튜브 동영상 활용

큐알코드를 통한 유튜브 동영상으로 수 패턴을 재밌게
익힐 수 있습니다.

6 별첨 자료의 활용

수 익힘판, 수 카드 등으로 수 패턴을 익히고, 교육기관의
홍보 자료로도 활용이 가능합니다.

초등 수학
1학년 1학기

목차

1단계
0 ~ 9 까지의 숫자

0 ~ 9 까지 10개의 숫자로 수가 만들어집니다.

숫자 쓰기

영	일	이	삼	사	오	육	칠	팔	구
0	1	2	3	4	5	6	7	8	9
0	1	2	3	4	5	6	7	8	9
0	1	2	3	4	5	6	7	8	9
0	1	2	3	4	5	6	7	8	9

숫자 쓰기

영	일	이	삼	사	오	육	칠	팔	구
0	1	2	3	4	5	6	7	8	9
0	1	2	3	4	5	6	7	8	9
0	1	2	3	4	5	6	7	8	9
0	1	2	3	4	5	6	7	8	9

수 읽기

1 (일 , 하나)　　1 (　 , 　)
2 (이 , 둘)　　2 (　 , 　)
3 (삼 , 셋)　　3 (　 , 　)
4 (사 , 넷)　　4 (　 , 　)
5 (오 , 다섯)　　5 (　 , 　)
6 (육 , 여섯)　　6 (　 , 　)
7 (칠 , 일곱)　　7 (　 , 　)
8 (팔 , 여덟)　　8 (　 , 　)
9 (구 , 아홉)　　9 (　 , 　)
10 (십 , 열)　　10 (　 , 　)

1 (　 , 　)　　5 (　 , 　)
2 (　 , 　)　　7 (　 , 　)
3 (　 , 　)　　2 (　 , 　)
4 (　 , 　)　　8 (　 , 　)
5 (　 , 　)　　3 (　 , 　)
6 (　 , 　)　　1 (　 , 　)
7 (　 , 　)　　4 (　 , 　)
8 (　 , 　)　　10 (　 , 　)
9 (　 , 　)　　6 (　 , 　)
10 (　 , 　)　　9 (　 , 　)

수 읽기

1 (일 , 하나)	1 (,)
2 (이 , 둘)	2 (,)
3 (삼 , 셋)	3 (,)
4 (사 , 넷)	4 (,)
5 (오 , 다섯)	5 (,)
6 (육 , 여섯)	6 (,)
7 (칠 , 일곱)	7 (,)
8 (팔 , 여덟)	8 (,)
9 (구 , 아홉)	9 (,)
10 (십 , 열)	10 (,)

1 (,)	5 (,)
2 (,)	7 (,)
3 (,)	2 (,)
4 (,)	8 (,)
5 (,)	3 (,)
6 (,)	1 (,)
7 (,)	4 (,)
8 (,)	10 (,)
9 (,)	6 (,)
10 (,)	9 (,)

1 — ◯ — 3 — ◯ — 5 — ◯

4 — ◯ — 6 — ◯ — ◯ — 9

1 — 2 — ◯ — ◯ — 5

9 — ◯ — ◯ — 6

9 — ◯ — ◯ — 6 — ◯ — 4

7 — ◯ — 5 — 4 — ◯ — ◯

9 — ◯ — 7 — ◯ — 5

1 — ◯ — 3 — ◯

수의 순서

1	2	3	4	5	6	7	8	9
첫째	둘째	셋째	넷째	다섯째	여섯째	일곱째	여덟째	아홉째

수의 순서를 써 넣으시오.

1 (   )   1 (   )   1 (   )

2 (   )   2 (   )   2 (   )

3 (   )   3 (   )   3 (   )

4 (   )   4 (   )   4 (   )

5 (   )   5 (   )   5 (   )

6 (   )   6 (   )   6 (   )

7 (   )   7 (   )   7 (   )

8 (   )   8 (   )   8 (   )

9 (   )   9 (   )   9 (   )

알맞게 색칠하세요.

하 나	(일)	○ ○ ○ ○ ○ ○ ○ ○ ○ ○
첫 째		○ ○ ○ ○ ○ ○ ○ ○ ○ ○

둘	(이)	○ ○ ○ ○ ○ ○ ○ ○ ○ ○
둘 째		○ ○ ○ ○ ○ ○ ○ ○ ○ ○

셋	(삼)	○ ○ ○ ○ ○ ○ ○ ○ ○ ○
셋 째		○ ○ ○ ○ ○ ○ ○ ○ ○ ○

넷	(사)	○ ○ ○ ○ ○ ○ ○ ○ ○ ○
넷 째		○ ○ ○ ○ ○ ○ ○ ○ ○ ○

다섯	(오)	○ ○ ○ ○ ○ ○ ○ ○ ○ ○
다섯 째		○ ○ ○ ○ ○ ○ ○ ○ ○ ○

여섯	(육)	○ ○ ○ ○ ○ ○ ○ ○ ○ ○
여섯 째		○ ○ ○ ○ ○ ○ ○ ○ ○ ○

일곱	(칠)	○ ○ ○ ○ ○ ○ ○ ○ ○ ○
일곱 째		○ ○ ○ ○ ○ ○ ○ ○ ○ ○

여덟	(팔)	○ ○ ○ ○ ○ ○ ○ ○ ○ ○
여덟 째		○ ○ ○ ○ ○ ○ ○ ○ ○ ○

아홉	(구)	○ ○ ○ ○ ○ ○ ○ ○ ○ ○
아홉 째		○ ○ ○ ○ ○ ○ ○ ○ ○ ○

알맞게 색칠하세요.

오른쪽에서 아홉 째 ←

○ ○ ○ ○ ○ ○ ○ ○ ○ ○

→ 왼쪽에서 여섯 째

○ ○ ○ ○ ○ ○ ○ ○ ○ ○

오른쪽에서 셋 째 ←

○ ○ ○ ○ ○ ○ ○ ○ ○ ○

→ 왼쪽에서 다섯 째

○ ○ ○ ○ ○ ○ ○ ○ ○ ○

오른쪽에서 여섯 째

○ ○ ○ ○ ○ ○ ○ ○ ○ ○

왼쪽에서 둘 째

○ ○ ○ ○ ○ ○ ○ ○ ○ ○

오른쪽에서 첫 째

○ ○ ○ ○ ○ ○ ○ ○ ○ ○

왼쪽에서 넷 째

○ ○ ○ ○ ○ ○ ○ ○ ○ ○

오른쪽에서 일곱 째

○ ○ ○ ○ ○ ○ ○ ○ ○ ○

2단계

1 큰 수		
0 + 1 = 1		
영 일		일
1 + 1 = 2		
일 일		이
2 + 1 = 3		
이 일		삼
3 + 1 = 4		
삼 일		사
4 + 1 = 5		
사 일		오
5 + 1 = 6		
오 일		육
6 + 1 = 7		
육 일		칠
7 + 1 = 8		
칠 일		팔
8 + 1 = 9		
팔 일		구
9 + 1 = 10		
구 일		십

색칠하면서 3번 읽으세요.

숫자 크기 비교

5	0
6	1
7	2
8	3
9	4

더하기(+), 빼기(-), 같다(=)로 나타냅니다.

덧셈 (더하기 , 합)	뺄셈 (빼기 , 차)

작은수 + 작은수 = 큰수   큰 수 - 작은수 = 작은수

수 카드를 가위로 자른 후, 세 장의 수 카드로 덧셈과 뺄셈을 같이 익힙니다.

덧셈 (더하기 , 합)	뺄셈 (빼기 , 차)

작은수 + 작은수 = 큰수　　　큰수 － 작은수 = 작은수

● + ◆ = ♥　　　♥ － ◆ = ●

0　**1**　**1**

0 + 1 = ☐　　☐ - 0 = 1
1 + 0 = ☐　　☐ - 1 = 0

1　**1**　**2**

● + ◆ = ♥　　♥ - ◆ = ●
1 + 1 = ☐　　2 - 1 = ☐

2　**1**　**3**

● + ◆ = ♥　　♥ - ◆ = ●
2 + 1 = ☐　　3 - 1 = ☐
1 + 2 = ☐　　3 - 2 = ☐

3 **1** **4**

● + ◆ = ♥   ♥ − ◆ = ●

3 + 1 = ☐   4 − 1 = ☐

1 + 3 = ☐   4 − 3 = ☐

4 **1** **5**

● + ◆ = ♥   ♥ − ◆ = ●

4 + 1 = ☐   5 − 1 = ☐

1 + 4 = ☐   5 − 4 = ☐

5 **1** **6**

● + ◆ = ♥   ♥ − ◆ = ●

5 + 1 = ☐   6 − 1 = ☐

1 + 5 = ☐   6 − 5 = ☐

6 **1** **7**

● + ◆ = ♥   ♥ − ◆ = ●

6 + 1 = ☐   7 − 1 = ☐

1 + 6 = ☐   7 − 6 = ☐

7 **1** **8**

● + ◆ = ♥   ♥ - ◆ = ●

7 + 1 = ☐   8 - 1 = ☐
1 + 7 = ☐   8 - 7 = ☐

8 **1** **9**

● + ◆ = ♥   ♥ - ◆ = ●

8 + 1 = ☐   9 - 1 = ☐
1 + 8 = ☐   9 - 8 = ☐

9 **1** **10**

● + ◆ = ♥   ♥ - ◆ = ●

9 + 1 = ☐   10 - 1 = ☐
1 + 9 = ☐   10 - 9 = ☐

1 큰 수	1 작은 수
0 + 1 = ☐	1 - 1 = ☐
1 + 1 = ☐	2 - 1 = ☐
2 + 1 = ☐	3 - 1 = ☐
3 + 1 = ☐	4 - 1 = ☐
4 + 1 = ☐	5 - 1 = ☐
5 + 1 = ☐	6 - 1 = ☐
6 + 1 = ☐	7 - 1 = ☐
7 + 1 = ☐	8 - 1 = ☐
8 + 1 = ☐	9 - 1 = ☐
9 + 1 = ☐	10 - 1 = ☐

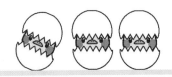

1 큰 수	1 작은 수
2 + 1 = ☐	3 - 1 = ☐
4 + 1 = ☐	5 - 1 = ☐
8 + 1 = ☐	9 - 1 = ☐
6 + 1 = ☐	7 - 1 = ☐
0 + 1 = ☐	1 - 1 = ☐
9 + 1 = ☐	10 - 1 = ☐
3 + 1 = ☐	4 - 1 = ☐
5 + 1 = ☐	6 - 1 = ☐
7 + 1 = ☐	8 - 1 = ☐
1 + 1 = ☐	2 - 1 = ☐

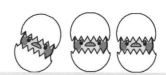

익히기

9   8   7   6   5   4   3   2   1   0

-1 -1 -1 -1 -1 -1 -1 -1 -1

이어지는 수의 차는 1 입니다.

10 - 9 = ☐   3 - 2 = ☐

9 - 8 = ☐   5 - 4 = ☐

8 - 7 = ☐   9 - 8 = ☐

7 - 6 = ☐   7 - 6 = ☐

6 - 5 = ☐   2 - 1 = ☐

5 - 4 = ☐   10 - 9 = ☐

4 - 3 = ☐   4 - 3 = ☐

3 - 2 = ☐   6 - 5 = ☐

2 - 1 = ☐   8 - 7 = ☐

1 - 0 = ☐   2 - 1 = ☐

5 - 4 = ☐   3 - 2 = ☐

9 - 8 = ☐   5 - 4 = ☐

10 - 9 = ☐   9 - 8 = ☐

4 - 3 = ☐   7 - 6 = ☐

6 - 5 = ☐   2 - 1 = ☐

7 - 6 = ☐   1 - 0 = ☐

1 - 0 = ☐   10 - 9 = ☐

2 - 1 = ☐   6 - 5 = ☐

7 - 6 = ☐   8 - 7 = ☐

3 - 2 = ☐   2 - 1 = ☐

5 - ☐ = 1   ☐ - 4 = 1

1 - ☐ = 1   ☐ - 0 = 1

7 - ☐ = 1   ☐ - 6 = 1

2 - ☐ = 1   ☐ - 1 = 1

6 - ☐ = 1   ☐ - 5 = 1

10 - ☐ = 1   ☐ - 9 = 1

4 - ☐ = 1   ☐ - 3 = 1

8 - ☐ = 1   ☐ - 7 = 1

3 - ☐ = 1   ☐ - 2 = 1

9 - ☐ = 1   ☐ - 8 = 1

1만큼 더 큰 수와 1만큼 더 작은 수

0	1	2	3	4	5	6	7	8	9	10

1 작은 수와 1 큰 수를 써 넣으시오.

1 작은 수		1 큰 수
( )	- 1 -	( )
( )	- 2 -	( )
( )	- 3 -	( )
( )	- 4 -	( )
( )	- 5 -	( )
( )	- 6 -	( )
( )	- 7 -	( )
( )	- 8 -	( )
( )	- 9 -	( )

1 작은 수		1 큰 수
( )	- 5 -	( )
( )	- 3 -	( )
( )	- 6 -	( )
( )	- 1 -	( )
( )	- 4 -	( )
( )	- 9 -	( )
( )	- 7 -	( )
( )	- 2 -	( )
( )	- 8 -	( )

1만큼 더 큰 수와 1만큼 더 작은 수

0	1	2	3	4	5	6	7	8	9	10

1 작은 수와 1 큰 수를 써 넣으시오.

1 작은 수   1 큰 수

( ) - 2 - ( )

( ) - 4 - ( )

( ) - 6 - ( )

( ) - 8 - ( )

( ) - 1 - ( )

( ) - 3 - ( )

( ) - 5 - ( )

( ) - 7 - ( )

( ) - 9 - ( )

1 작은 수   1 큰 수

( ) - 7 - ( )

( ) - 3 - ( )

( ) - 9 - ( )

( ) - 5 - ( )

( ) - 8 - ( )

( ) - 2 - ( )

( ) - 6 - ( )

( ) - 1 - ( )

( ) - 4 - ( )

3단계

5가 되는 수
1 **+** **4** **=** **5**
일   사   오
2 **+** **3** **=** **5**
이   삼   오
3 **+** **2** **=** **5**
삼   이   오
4 **+** **1** **=** **5**
사   일   오

색칠하면서 3번 읽으세요.

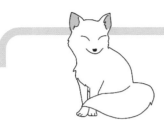

덧셈 (더하기 , 합)	뺄셈 (빼기 , 차)

작은수 + 작은수 = 큰수   큰수 - 작은수 = 작은수

● + ◆ = ♥   ♥ - ◆ = ●

1 **4** **5**

● + ◆ = ♥   ♥ - ◆ = ●

1 + 4 = ☐   5 - 1 = ☐
4 + 1 = ☐   5 - 4 = ☐

2 **3** **5**

● + ◆ = ♥   ♥ - ◆ = ●

2 + 3 = ☐   5 - 2 = ☐
3 + 2 = ☐   5 - 3 = ☐

1 + 4 = ☐   5 - 4 = ☐

2 + 3 = ☐   5 - 3 = ☐

3 + 2 = ☐   5 - 2 = ☐

4 + 1 = ☐   5 - 1 = ☐

4 + ☐ = 5   5 - ☐ = 1

3 + ☐ = 5   5 - ☐ = 2

2 + ☐ = 5   5 - ☐ = 3

1 + ☐ = 5   5 - ☐ = 4

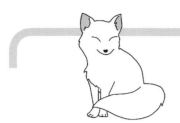

☐ + 1 = 5   ☐ - 4 = 1

☐ + 2 = 5   ☐ - 3 = 2

☐ + 3 = 5   ☐ - 2 = 3

☐ + 4 = 5   ☐ - 1 = 4

☐ 안에 알맞은 (+, -) 를 넣으시오.

4 ☐ 1 = 5   5 ☐ 1 = 4

2 ☐ 3 = 5   5 ☐ 3 = 2

1 ☐ 4 = 5   5 ☐ 4 = 1

3 ☐ 2 = 5   5 ☐ 2 = 3

모으기

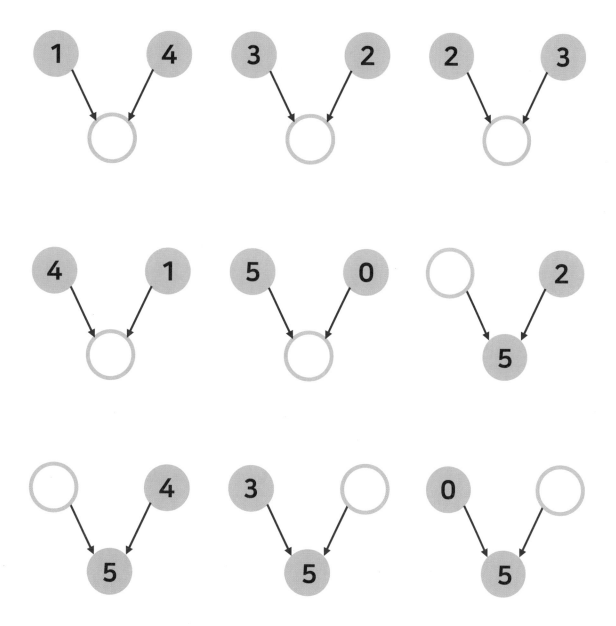

수 모으기와 가르기

가르기

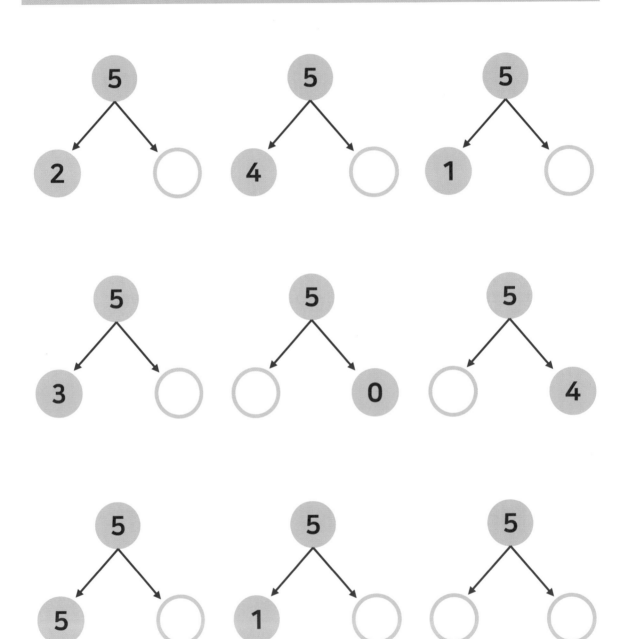

2 + 3 = ☐

4 + 1 = ☐

0 + 5 = ☐

3 + 2 = ☐

1 + 4 = ☐

5 - 2 = ☐

5 - 4 = ☐

5 - 0 = ☐

5 - 3 = ☐

5 - 1 = ☐

5 + ☐ = 5

1 + ☐ = 5

3 + ☐ = 5

4 + ☐ = 5

2 + ☐ = 5

5 - ☐ = 5

5 - ☐ = 1

5 - ☐ = 3

5 - ☐ = 4

5 - ☐ = 2

$\boxed{} + 4 = 5$

$\boxed{} + 5 = 5$

$\boxed{} + 2 = 5$

$\boxed{} + 1 = 5$

$\boxed{} + 3 = 5$

$\boxed{} - 4 = 1$

$\boxed{} - 5 = 0$

$\boxed{} - 2 = 3$

$\boxed{} - 1 = 4$

$\boxed{} - 3 = 2$

$\boxed{}$ 안에 알맞은 (+, -) 를 넣으시오.

$3 \boxed{} 2 = 5$

$1 \boxed{} 4 = 5$

$2 \boxed{} 3 = 5$

$4 \boxed{} 1 = 5$

$5 \boxed{} 2 = 3$

$5 \boxed{} 4 = 1$

$5 \boxed{} 3 = 2$

$5 \boxed{} 1 = 4$

4단계

5 더하기

5 + 1 = 6		
오	일	육
5 + 2 = 7		
오	이	칠
5 + 3 = 8		
오	삼	팔
5 + 4 = 9		
오	사	구

색칠하면서 3번 읽으세요.

덧셈 (더하기 , 합)	뺄셈 (빼기 , 차)

작은수 + 작은수 = 큰수   큰수 - 작은수 = 작은수

● + ◆ = ♥   ♥ - ◆ = ●

5 **1** **6**

● + ◆ = ♥   ♥ - ◆ = ●

5 + 1 = ☐   6 - 5 = ☐

1 + 5 = ☐   6 - 1 = ☐

5 **2** **7**

● + ◆ = ♥   ♥ - ◆ = ●

5 + 2 = ☐   7 - 5 = ☐

2 + 5 = ☐   7 - 2 = ☐

덧셈 (더하기 , 합)	뺄셈 (빼기 , 차)

작은수 + 작은수 = 큰수　　　　큰수 - 작은수 = 작은수

● + ◆ = ♥　　　　♥ - ◆ = ●

5　**3**　**8**

● + ◆ = ♥　　　　♥ - ◆ = ●

5 + 3 = ☐　　　　8 - 5 = ☐

3 + 5 = ☐　　　　8 - 3 = ☐

5　**4**　**9**

● + ◆ = ♥　　　　♥ - ◆ = ●

5 + 4 = ☐　　　　9 - 5 = ☐

4 + 5 = ☐　　　　9 - 4 = ☐

5 + 1 = ☐　　　6 - 5 = ☐

5 + 2 = ☐　　　7 - 5 = ☐

5 + 3 = ☐　　　8 - 5 = ☐

5 + 4 = ☐　　　9 - 5 = ☐

5 + ☐ = 6　　　6 - ☐ = 5

5 + ☐ = 7　　　7 - ☐ = 5

5 + ☐ = 8　　　8 - ☐ = 5

5 + ☐ = 9　　　9 - ☐ = 5

☐ + 1 = 6   ☐ - 5 = 1

☐ + 2 = 7   ☐ - 5 = 2

☐ + 3 = 8   ☐ - 5 = 3

☐ + 4 = 9   ☐ - 5 = 4

☐ 안에 알맞은 (+, -) 를 넣으시오.

5 ☐ 1 = 6   6 ☐ 5 = 1

5 ☐ 3 = 8   8 ☐ 5 = 3

5 ☐ 2 = 7   7 ☐ 5 = 2

5 ☐ 4 = 9   9 ☐ 5 = 4

모으기

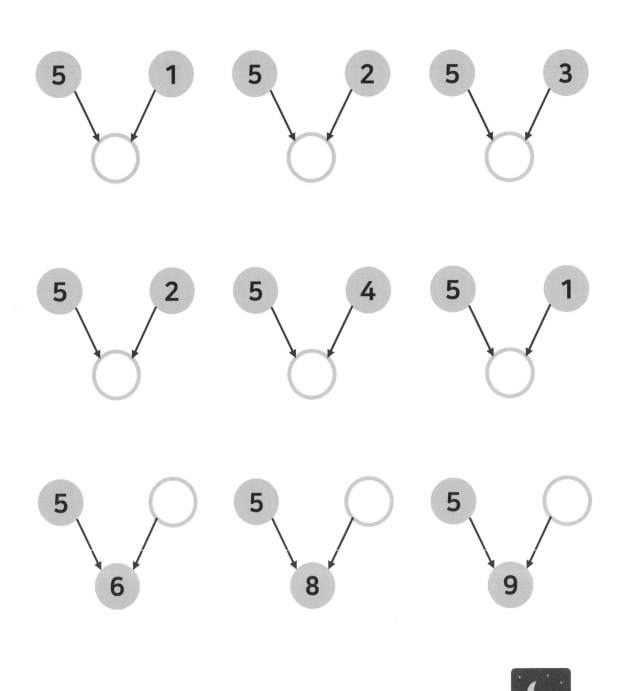

수 모으기와 가르기

가르기

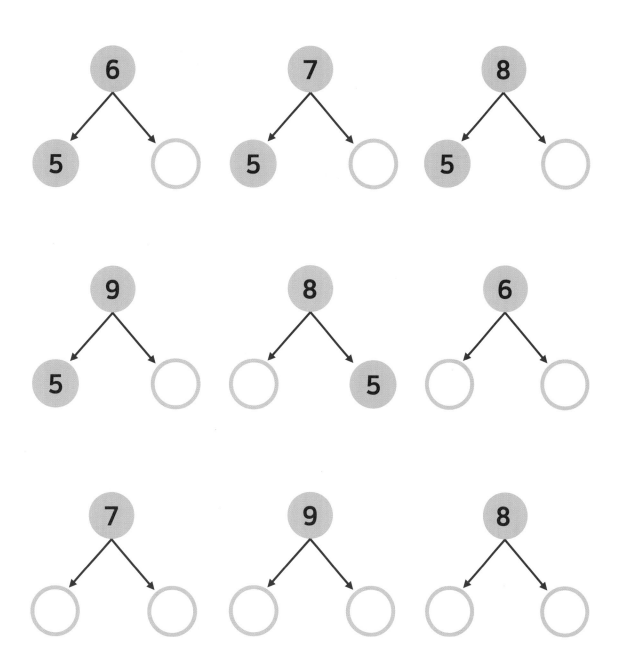

5 + 3 = ☐   8 - 3 = ☐

5 + 1 = ☐   6 - 1 = ☐

5 + 4 = ☐   9 - 4 = ☐

5 + 2 = ☐   7 - 2 = ☐

5 + 2 = ☐   7 - ☐ = 5

5 + 3 = ☐   8 - ☐ = 5

5 + 1 = ☐   6 - ☐ = 5

5 + 4 = ☐   9 - ☐ = 5

5 + 1 = ☐   ☐ - 5 = 1

5 + 4 = ☐   ☐ - 5 = 4

5 + 3 = ☐   ☐ - 5 = 3

5 + 2 = ☐   ☐ - 5 = 2

☐ 안에 알맞은 (+, -) 를 넣으시오.

5 ☐ 3 = 8   8 ☐ 5 = 3

5 ☐ 1 = 6   6 ☐ 5 = 1

5 ☐ 4 = 9   9 ☐ 5 = 4

5 ☐ 2 = 7   7 ☐ 5 = 2

5단계

같은 수 더하기			
1 일	**+ 1** 일	**=**	**2** 이
2 이	**+ 2** 이	**=**	**4** 사
3 삼	**+ 3** 삼	**=**	**6** 육
4 사	**+ 4** 사	**=**	**8** 팔
5 오	**+ 5** 오	**=**	**10** 십

색칠하면서 3번 읽으세요.

 ○ ○ ○

덧셈 (더하기 , 합)	뺄셈 (빼기 , 차)

작은수 + 작은수 = 큰수   큰수 - 작은수 = 작은수

● + ◆ = ♥   ♥ - ◆ = ●

1   **1**   **2**

● + ◆ = ♥   ♥ - ◆ = ●

1 + 1 = ☐   2 - 1 = ☐

1 + ☐ = 2   2 - ☐ = 1

☐ + 1 = 2   ☐ - 1 = 1

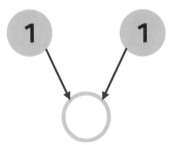

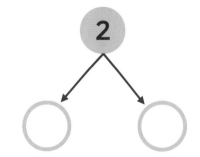

 2 **2** **4**

●	+	◆	=	♥		♥	−	◆	=	●

2 + 2 = ☐   4 − 2 = ☐

2 + ☐ = 4   4 − ☐ = 2

☐ + 2 = 4   ☐ − 2 = 2

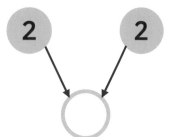

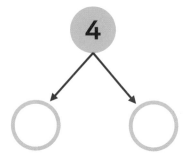

3 ◆ **3** ♥ **6**

●	+	◆	=	♥		♥	−	◆	=	●

3 + 3 = ☐   6 − 3 = ☐

3 + ☐ = 6   6 − ☐ = 3

☐ + 3 = 6   ☐ − 3 = 3

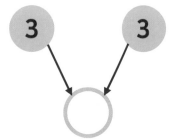

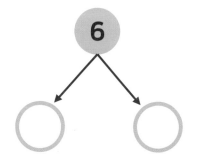

4 ◆**4** ♥**8**

●	+	◆	=	♥		♥	−	◆	=	●
4	+	4	=	☐		8	−	4	=	☐
4	+	☐	=	8		8	−	☐	=	4
☐	+	4	=	8		☐	−	4	=	4

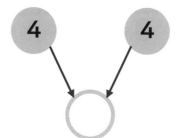

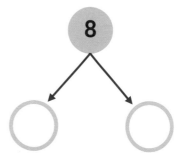

5 ◆**5** ♥**10**

●	+	◆	=	♥		♥	−	◆	=	●
5	+	5	=	☐		10	−	5	=	☐
5	+	☐	=	10		10	−	☐	=	5
☐	+	5	=	10		☐	−	5	=	5

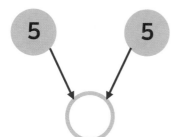

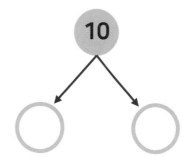

43

익히기

1 + 1 = ☐

2 + 2 = ☐

3 + 3 = ☐

4 + 4 = ☐

5 + 5 = ☐

2 - 1 = ☐

4 - 2 = ☐

6 - 3 = ☐

8 - 4 = ☐

10 - 5 = ☐

1 + ☐ = 2

2 + ☐ = 4

3 + ☐ = 6

4 + ☐ = 8

5 + ☐ =10

2 - ☐ = 1

4 - ☐ = 2

6 - ☐ = 3

8 - ☐ = 4

10 - ☐ = 5

☐ + 1 = 2		☐ - 1 = 1
☐ + 2 = 4		☐ - 2 = 2
☐ + 3 = 6		☐ - 3 = 3
☐ + 4 = 8		☐ - 4 = 4
☐ + 5 =10		☐ - 5 = 5

☐ 안에 알맞은 (+, -) 를 넣으시오.

1 ☐ 1 = 2   2 - 1 = 1

5 ☐ 5 = 10   10 - 5 = 5

3 ☐ 3 = 6   6 - 3 = 3

2 ☐ 2 = 4   4 - 2 = 2

4 ☐ 4 = 8   8 - 4 = 4

수 모으기와 가르기

모으기

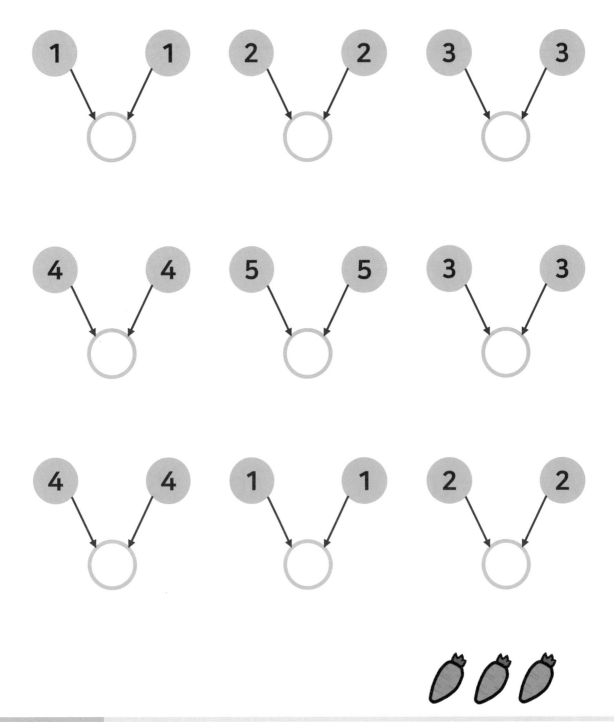

수 모으기와 가르기

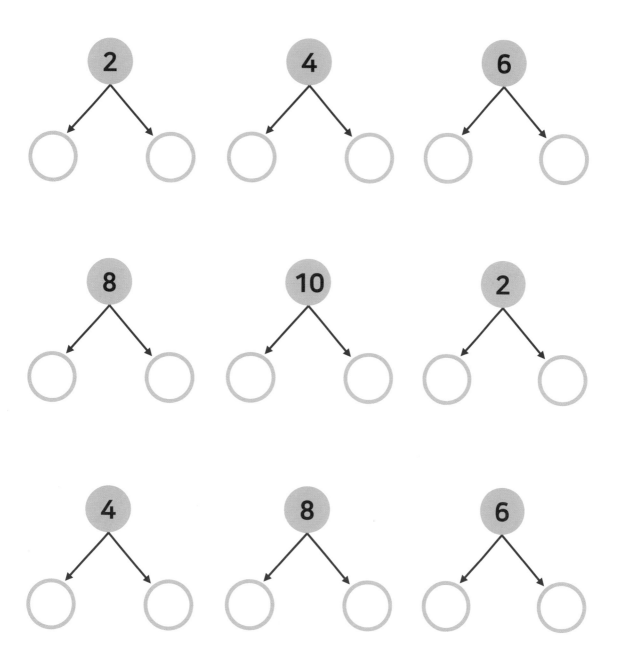

익히기

3 + 3 = ☐

5 + 5 = ☐

1 + 1 = ☐

4 + 4 = ☐

2 + 2 = ☐

6 - 3 = ☐

10 - 5 = ☐

2 - 1 = ☐

8 - 4 = ☐

4 - 2 = ☐

5 + ☐ = 10

2 + ☐ = 4

4 + ☐ = 8

1 + ☐ = 2

3 + ☐ = 6

10 - ☐ = 5

4 - ☐ = 2

8 - ☐ = 4

2 - ☐ = 1

6 - ☐ = 3

☐ + 1 = 2

☐ + 5 = 10

☐ + 3 = 6

☐ + 4 = 8

☐ + 2 = 4

☐ - 1 = 1

☐ - 5 = 5

☐ - 3 = 3

☐ - 4 = 4

☐ - 2 = 2

☐ 안에 알맞은 (+, -) 를 넣으시오.

3 ☐ 3 = 6

5 ☐ 5 = 10

2 ☐ 2 = 4

4 ☐ 4 = 8

1 ☐ 1 = 2

6 ☐ 3 = 3

10 ☐ 5 = 5

4 ☐ 2 = 2

8 ☐ 4 = 4

2 ☐ 1 = 1

6단계

10이 되는 수

$1 + 9 = 10$
일   구   십

$2 + 8 = 10$
이   팔   십

$3 + 7 = 10$
삼   칠   십

$4 + 6 = 10$
사   육   십

$5 + 5 = 10$
오   오   십

$6 + 4 = 10$
육   사   십

$7 + 3 = 10$
칠   삼   십

$8 + 2 = 10$
팔   이   십

$9 + 1 = 10$
구   일   십

$10 + 0 = 10$
십   영   십

색칠하면서 3번 읽으세요.

덧셈 (더하기 , 합)	뺄셈 (빼기 , 차)

작은수 **+** 작은수 **=** 큰수   큰수 **-** 작은수 **=** 작은수

● **+** ◆ **=** ♥   ♥ **-** ◆ **=** ●

1 **9** **10**

● **+** ◆ **=** ♥   ♥ **-** ◆ **=** ●

1 **+** 9 **=** ☐   10 **-** 1 **=** ☐
9 **+** 1 **=** ☐   10 **-** 9 **=** ☐

2 **8** **10**

● **+** ◆ **=** ♥   ♥ **-** ◆ **=** ●

2 **+** 8 **=** ☐   10 **-** 2 **=** ☐
3 **+** 2 **=** ☐   10 **-** 8 **=** ☐

3 **7** **10**

● **+** ◆ **=** ♥   ♥ **-** ◆ **=** ●

3 **+** 7 **=** ☐   10 **-** 3 **=** ☐
7 **+** 3 **=** ☐   10 **-** 7 **=** ☐

덧셈 (더하기 , 합)	뺄셈 (빼기 , 차)

작은수 + 작은수 = 큰수   큰수 - 작은수 = 작은수

● + ◆ = ♥   ♥ - ◆ = ●

4   **6**   **10**

● + ◆ = ♥   ♥ - ◆ = ●

4 + 6 = □   10 - 4 = □

6 + 4 = □   10 - 6 = □

5   **5**   **10**

● + ◆ = ♥   ♥ - ◆ = ●

5 + 5 = □   10 - 5 = □

1 + 9 = ☐

2 + 8 = ☐

3 + 7 = ☐

4 + 6 = ☐

5 + 5 = ☐

6 + 4 = ☐

7 + 3 = ☐

8 + 2 = ☐

9 + 1 = ☐

10 + 0 = ☐

10 - 9 = ☐

10 - 8 = ☐

10 - 7 = ☐

10 - 6 = ☐

10 - 5 = ☐

10 - 4 = ☐

10 - 3 = ☐

10 - 2 = ☐

10 - 1 = ☐

10 - 0 = ☐

익히기

1 + ☐ = 10   10 - ☐ = 1

2 + ☐ = 10   10 - ☐ = 2

3 + ☐ = 10   10 - ☐ = 3

4 + ☐ = 10   10 - ☐ = 4

5 + ☐ = 10   10 - ☐ = 5

6 + ☐ = 10   10 - ☐ = 6

7 + ☐ = 10   10 - ☐ = 7

8 + ☐ = 10   10 - ☐ = 8

9 + ☐ = 10   10 - ☐ = 9

10 + ☐ = 10   10 - ☐ = 10

☐ + 9 = 10   ☐ - 9 = 1

☐ + 8 = 10   ☐ - 8 = 2

☐ + 7 = 10   ☐ - 7 = 3

☐ + 6 = 10   ☐ - 6 = 4

☐ + 5 = 10   ☐ - 5 = 5

☐ + 4 = 10   ☐ - 4 = 6

☐ + 3 = 10   ☐ - 3 = 7

☐ + 2 = 10   ☐ - 2 = 8

☐ + 1 = 10   ☐ - 1 = 9

☐ + 0 = 10   ☐ - 0 = 10

수 모으기와 가르기

모으기

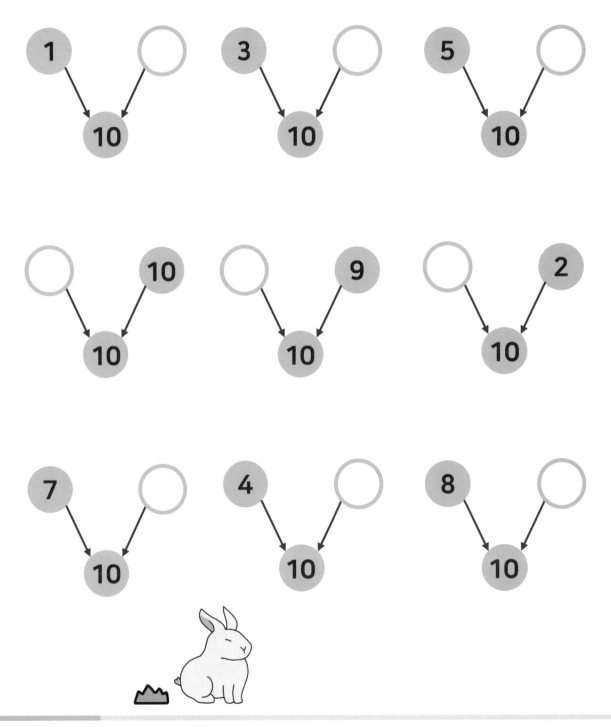

가르기

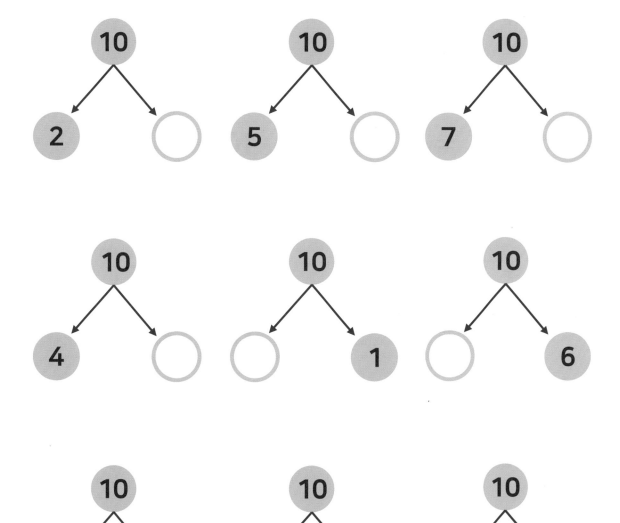

익히기

2 + 8 = ☐   10 - 8 = ☐

7 + 3 = ☐   10 - 3 = ☐

1 + 9 = ☐   10 - 9 = ☐

5 + 5 = ☐   10 - 5 = ☐

4 + 6 = ☐   10 - 6 = ☐

8 + 2 = ☐   10 - 2 = ☐

0 +10 = ☐   10 - 10 = ☐

3 + 7 = ☐   10 - 7 = ☐

6 + 4 = ☐   10 - 4 = ☐

9 + 1 = ☐   10 - 1 = ☐

7 + ⬚ = 0   10 − ⬚ = 7

2 + ⬚ = 0   10 − ⬚ = 2

4 + ⬚ = 0   10 − ⬚ = 4

8 + ⬚ = 0   10 − ⬚ = 8

3 + ⬚ = 0   10 − ⬚ = 3

10 + ⬚ = 0   10 − ⬚ = 10

9 + ⬚ = 0   10 − ⬚ = 9

6 + ⬚ = 0   10 − ⬚ = 6

1 + ⬚ = 0   10 − ⬚ = 1

5 + ⬚ = 0   10 − ⬚ = 5

익히기

☐ + 4 = 10

☐ + 7 = 10

☐ + 5 = 10

☐ + 2 = 10

☐ + 0 = 10

☐ + 2 = 10

☐ + 6 = 10

☐ + 9 = 10

☐ + 8 = 10

☐ + 3 = 10

☐ - 9 = 1

☐ - 2 = 8

☐ - 5 = 4

☐ - 7 = 3

☐ - 1 = 9

☐ - 3 = 7

☐ - 8 = 2

☐ - 4 = 6

☐ - 0 = 10

☐ - 5 = 5

7단계

2 더하기

2 + 4 = 6
이   사   육

2 + 5 = 7
이   오   칠

2 + 6 = 8
이   육   팔

2 + 7 = 9
이   칠   구

2 + 8 = 10
이   팔   십

4 + 2 = 6
사   이   육

5 + 2 = 7
오   이   칠

6 + 2 = 8
육   이   팔

7 + 2 = 9
칠   이   구

3 더하기

3 + 4 = 7
삼   사   칠

3 + 5 = 8
삼   오   팔

3 + 6 = 9
삼   육   구

4 + 3 = 7
사   삼   칠

5 + 3 = 8
오   삼   팔

6 + 3 = 9
육   삼   구

색칠하면서 3번 읽으세요.

덧셈 (더하기 , 합)	뺄셈 (빼기 , 차)
작은수 + 작은수 = 큰수	큰수 - 작은수 = 작은수
● + ◆ = ♥	♥ - ◆ = ●

2 **4** **6**

● + ◆ = ♥	♥ - ◆ = ●
2 + 4 = ☐	6 - 2 = ☐
4 + 2 = ☐	6 - 4 = ☐

2 **5** **7**

● + ◆ = ♥	♥ - ◆ = ●
2 + 5 = ☐	7 - 2 = ☐
5 + 2 = ☐	7 - 5 = ☐

2 **6** **8**

● + ◆ = ♥	♥ - ◆ = ●
2 + 6 = ☐	8 - 2 = ☐
6 + 2 = ☐	8 - 6 = ☐

2 **7** **9**

⬤ + ◆ = ♥   ♥ − ◆ = ⬤

2 + 7 = ☐   9 − 2 = ☐

7 + 2 = ☐   9 − 7 = ☐

3 **4** **7**

⬤ + ◆ = ♥   ♥ − ◆ = ⬤

3 + 4 = ☐   7 − 3 = ☐

4 + 3 = ☐   7 − 4 = ☐

3 **5** **8**

⬤ + ◆ = ♥   ♥ − ◆ = ⬤

3 + 5 = ☐   8 − 3 = ☐

5 + 3 = ☐   8 − 5 = ☐

3 **6** **9**

⬤ + ◆ = ♥   ♥ − ◆ = ⬤

3 + 6 = ☐   9 − 3 = ☐

6 + 3 = ☐   9 − 6 = ☐

 익히기

$\bullet$ + $\blacklozenge$ = $\heartsuit$ $\heartsuit$ - $\bullet$ = $\blacklozenge$

2 + 4 = ☐   6 - 2 = ☐

2 + 5 = ☐   7 - 2 = ☐

2 + 6 = ☐   8 - 2 = ☐

2 + 7 = ☐   9 - 2 = ☐

4 + 2 = ☐   6 - 4 = ☐

5 + 2 = ☐   7 - 5 = ☐

6 + 2 = ☐   8 - 6 = ☐

7 + 2 = ☐   9 - 7 = ☐

◯ + ◆ = ♥   ♥ - ◯ = ◆

3 + 4 = ☐   7 - 3 = ☐

3 + 5 = ☐   8 - 3 = ☐

3 + 6 = ☐   9 - 3 = ☐

◯ + ◆ = ♥   ♥ - ◯ = ◆

4 + 3 = ☐   7 - 4 = ☐

5 + 3 = ☐   8 - 5 = ☐

6 + 3 = ☐   9 - 6 = ☐

익히기

2 + 4 = ☐   6 - 4 = ☐

2 + 5 = ☐   7 - 5 = ☐

2 + 6 = ☐   8 - 6 = ☐

2 + 7 = ☐   9 - 7 = ☐

4 + ☐ = 6   6 - ☐ = 4

5 + ☐ = 7   7 - ☐ = 5

6 + ☐ = 8   8 - ☐ = 6

7 + ☐ = 9   9 - ☐ = 7

☐ + 4 = 6   ☐ - 4 = 2

☐ + 5 = 7   ☐ - 5 = 2

☐ + 6 = 8   ☐ - 6 = 2

☐ + 7 = 9   ☐ - 7 = 2

3 + 4 = ☐   7 - 4 = ☐

3 + 5 = ☐   8 - 5 = ☐

3 + 6 = ☐   9 - 6 = ☐

4 + ☐ = 7   7 - ☐ = 4

5 + ☐ = 8   8 - ☐ = 5

6 + ☐ = 9   9 - ☐ = 6

☐ + 4 = 7   ☐ - 4 = 3

☐ + 5 = 8   ☐ - 5 = 3

☐ + 6 = 9   ☐ - 6 = 3

수 모으기와 가르기

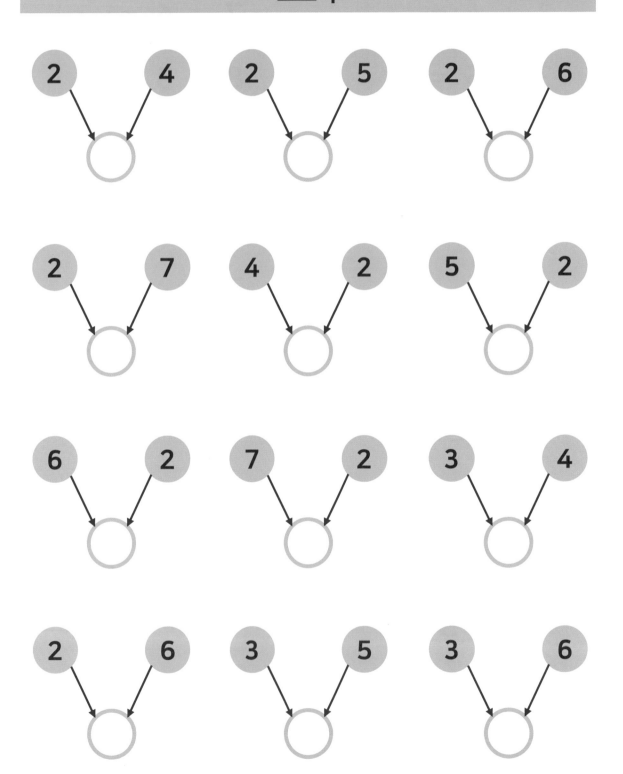

수 모으기와 가르기

가르기

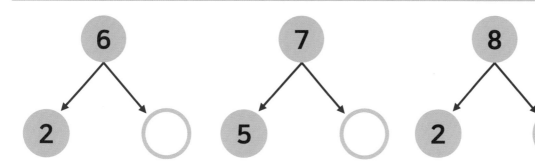

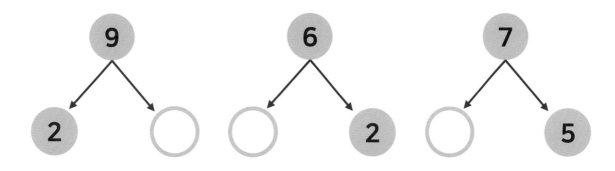

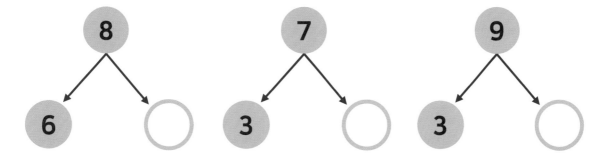

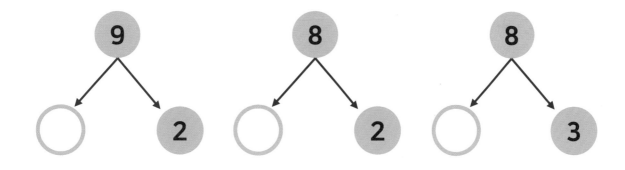

3 + 6 = ☐
6 + 3 = ☐

9 - 3 = ☐
9 - 6 = ☐

2 + 5 = ☐
5 + 2 = ☐

7 - 2 = ☐
7 - 5 = ☐

2 + 7 = ☐
7 + 2 = ☐

9 - 2 = ☐
9 - 7 = ☐

3 + 5 = ☐
5 + 3 = ☐

8 - 3 = ☐
8 - 5 = ☐

2 + 6 = ☐
6 + 2 = ☐

8 - 2 = ☐
8 - 6 = ☐

3 + 4 = ☐
4 + 3 = ☐

7 - 3 = ☐
7 - 4 = ☐

2 + 4 = ☐
4 + 2 = ☐

6 - 2 = ☐
6 - 4 = ☐

2 + 4 = ☐
☐ + 2 = 6

6 - 2 = ☐
☐ - 4 = 2

3 + 5 = ☐
☐ + 3 = 8

8 - 3 = ☐
☐ - 5 = 3

2 + 7 = ☐
☐ + 2 = 9

9 - 2 = ☐
☐ - 7 = 2

익히기

2 + 5 = ☐
☐ + 2 = 7

7 - 2 = ☐
☐ - 5 = 2

2 + 6 = ☐
☐ + 2 = 8

8 - 2 = ☐
☐ - 6 = 2

3 + 6 = ☐
☐ + 3 = 9

9 - 3 = ☐
☐ - 6 = 3

3 + 4 = ☐
☐ + 3 = 7

7 - 3 = ☐
☐ - 4 = 3

3 + 6 = ☐
☐ + 3 = 9

9 - 5 = ☐
☐ - 4 = 5

8단계
(몇) + (몇)의
덧셈과 뺄셈

익히기

1 더하기
1 + 0 = ☐
1 + 1 = ☐

1 작은 수
1 - 1 = ☐
2 - 1 = ☐

2 더하기
2 + 0 = ☐
2 + 1 = ☐
2 + 2 = ☐
2 + 3 = ☐
2 + 4 = ☐
2 + 5 = ☐
2 + 6 = ☐
2 + 7 = ☐
2 + 8 = ☐

2 작은 수
2 - 2 = ☐
3 - 2 = ☐
4 - 2 = ☐
5 - 2 = ☐
6 - 2 = ☐
7 - 2 = ☐
8 - 2 = ☐
9 - 2 = ☐
10 - 2 = ☐

익히기

3 더하기

3 + 0 = ☐

3 + 1 = ☐

3 + 2 = ☐

3 + 3 = ☐

3 + 4 = ☐

3 + 5 = ☐

3 + 6 = ☐

3 + 7 = ☐

3 작은 수

3 - 3 = ☐

4 - 3 = ☐

5 - 3 = ☐

6 - 3 = ☐

7 - 3 = ☐

8 - 3 = ☐

9 - 3 = ☐

10 - 3 = ☐

4 더하기

4 + 0 = ☐

4 + 1 = ☐

4 + 2 = ☐

4 + 3 = ☐

4 + 4 = ☐

4 + 5 = ☐

4 + 6 = ☐

4 작은 수

4 - 4 = ☐

5 - 4 = ☐

6 - 4 = ☐

7 - 4 = ☐

8 - 4 = ☐

9 - 4 = ☐

10 - 4 = ☐

익히기

5 더하기

5 + 0 = ☐

5 + 1 = ☐

5 + 2 = ☐

5 + 3 = ☐

5 + 4 = ☐

5 + 5 = ☐

5 작은 수

5 - 5 = ☐

6 - 5 = ☐

7 - 5 = ☐

8 - 5 = ☐

9 - 5 = ☐

10 - 5 = ☐

6 더하기

6 + 0 = ☐

6 + 1 = ☐

6 + 2 = ☐

6 + 3 = ☐

6 + 4 = ☐

6 작은 수

6 - 6 = ☐

7 - 6 = ☐

8 - 6 = ☐

9 - 6 = ☐

10 - 6 = ☐

익 히 기

7 더하기

7 + 0 = ☐

7 + 1 = ☐

7 + 2 = ☐

7 + 3 = ☐

7 작은 수

7 - 7 = ☐

8 - 7 = ☐

9 - 7 = ☐

10 - 7 = ☐

8 더하기

8 + 0 = ☐

8 + 1 = ☐

8 + 2 = ☐

8 작은 수

8 - 8 = ☐

9 - 8 = ☐

10 - 8 = ☐

9 더하기

9 + 0 = ☐

9 + 1 = ☐

9 작은 수

9 - 9 = ☐

10 - 9 = ☐

10 더하기

10 + 0 = ☐

10 작은 수

10 - 10 = ☐

가로셈

3 + 5 = ☐   6 - 2 = ☐

2 + 7 = ☐   4 - 1 = ☐

4 + 4 = ☐   7 - 4 = ☐

1 + 6 = ☐   9 - 5 = ☐

2 + 8 = ☐   10 - 3 = ☐

6 + 3 = ☐   5 - 0 = ☐

2 + 4 = ☐   3 - 1 = ☐

5 + 5 = ☐   8 - 4 = ☐

6 + 2 = ☐   10 - 9 = ☐

3 + 3 = ☐   6 - 4 = ☐

5 + 4 = ☐   7 - 2 = ☐

2 + 7 = ☐   8 - 5 = ☐

4 + 5 = ☐   6 - 3 = ☐

3 + 6 = ☐   5 - 1 = ☐

1 + 9 = ☐   2 - 2 = ☐

8 + 2 = ☐   9 - 4 = ☐

5 + 3 = ☐   7 - 6 = ☐

7 + 1 = ☐   4 - 4 = ☐

6 + 2 = ☐   3 - 0 = ☐

2 + 3 = ☐   10 - 7 = ☐

4 + 4 = ☐   6 - 5 = ☐

9 + 0 = ☐   8 - 2 = ☐

세로셈

```
    3          6          7          5
+   3      +   2      +   1      +   4
 □          □          □          □
```

```
    2          5          3          2
+   3      +   5      +   5      +   6
 □          □          □          □
```

```
    1          4          6          2
+   1      +   1      +   3      +   4
 □          □          □          □
```

```
    4          2          4          2
+   3      +   5      +   6      +   7
 □          □          □          □
```

```
    3          5          2          5
+   7      +   5      +   4      +   3
 □          □          □          □
```

```
  8        6        7        4
-  5     -  3     -  2     -  2
 □        □        □        □
```

```
  5        3        9        8
-  3     -  2     -  7     -  4
 □        □        □        □
```

```
  7        6        7        9
-  3     -  4     -  1     -  6
 □        □        □        □
```

```
  5        9        7        8
-  1     -  5     -  4     -  2
 □        □        □        □
```

```
  7        9        6        5
-  6     -  4     -  1     -  4
 □        □        □        □
```

세로셈

$$
\begin{array}{r} 6 \\ +\ 2 \\ \hline \square \end{array}
\qquad
\begin{array}{r} 4 \\ +\ 3 \\ \hline \square \end{array}
\qquad
\begin{array}{r} 2 \\ +\ 5 \\ \hline \square \end{array}
\qquad
\begin{array}{r} 8 \\ +\ 1 \\ \hline \square \end{array}
$$

$$
\begin{array}{r} 3 \\ +\ 3 \\ \hline \square \end{array}
\qquad
\begin{array}{r} 7 \\ +\ 0 \\ \hline \square \end{array}
\qquad
\begin{array}{r} 3 \\ +\ 6 \\ \hline \square \end{array}
\qquad
\begin{array}{r} 4 \\ +\ 4 \\ \hline \square \end{array}
$$

$$
\begin{array}{r} 2 \\ +\ 4 \\ \hline \square \end{array}
\qquad
\begin{array}{r} 1 \\ +\ 2 \\ \hline \square \end{array}
\qquad
\begin{array}{r} 7 \\ +\ 3 \\ \hline \square \end{array}
\qquad
\begin{array}{r} 4 \\ +\ 6 \\ \hline \square \end{array}
$$

$$
\begin{array}{r} 5 \\ +\ 0 \\ \hline \square \end{array}
\qquad
\begin{array}{r} 3 \\ +\ 3 \\ \hline \square \end{array}
\qquad
\begin{array}{r} 3 \\ +\ 2 \\ \hline \square \end{array}
\qquad
\begin{array}{r} 5 \\ +\ 4 \\ \hline \square \end{array}
$$

$$
\begin{array}{r} 4 \\ +\ 3 \\ \hline \square \end{array}
\qquad
\begin{array}{r} 5 \\ +\ 2 \\ \hline \square \end{array}
\qquad
\begin{array}{r} 1 \\ +\ 6 \\ \hline \square \end{array}
\qquad
\begin{array}{r} 2 \\ +\ 7 \\ \hline \square \end{array}
$$

```
   2        7        9        8
-  1     -  5     -  3     -  6
 ┌──┐     ┌──┐     ┌──┐     ┌──┐
 └──┘     └──┘     └──┘     └──┘
```

```
  10        5        4        6
-  4     -  2     -  3     -  5
 ┌──┐     ┌──┐     ┌──┐     ┌──┐
 └──┘     └──┘     └──┘     └──┘
```

```
   3        7        8       10
-  3     -  0     -  3     -  5
 ┌──┐     ┌──┐     ┌──┐     ┌──┐
 └──┘     └──┘     └──┘     └──┘
```

```
   5        9        6        8
-  4     -  2     -  3     -  7
 ┌──┐     ┌──┐     ┌──┐     ┌──┐
 └──┘     └──┘     └──┘     └──┘
```

```
   9        6        6       10
-  8     -  2     -  0     -  7
 ┌──┐     ┌──┐     ┌──┐     ┌──┐
 └──┘     └──┘     └──┘     └──┘
```

세로셈

```
    2          5          3          7
+   2      +   1      +   2      +   3
  ┌──┐       ┌──┐       ┌──┐       ┌──┐
  └──┘       └──┘       └──┘       └──┘
```

```
    1          4          5          4
+   8      +   2      +   3      +   6
  ┌──┐       ┌──┐       ┌──┐       ┌──┐
  └──┘       └──┘       └──┘       └──┘
```

```
    3          9          4          5
+   6      +   1      +   4      +   2
  ┌──┐       ┌──┐       ┌──┐       ┌──┐
  └──┘       └──┘       └──┘       └──┘
```

```
    7          3          8          4
+   2      +   4      +   2      +   5
  ┌──┐       ┌──┐       ┌──┐       ┌──┐
  └──┘       └──┘       └──┘       └──┘
```

```
    6          2          3          1
+   4      +   2      +   3      +   4
  ┌──┐       ┌──┐       ┌──┐       ┌──┐
  └──┘       └──┘       └──┘       └──┘
```

```
  9        6        3        10
- 2      - 5      - 2      - 4
┌──┐     ┌──┐     ┌──┐     ┌──┐
└──┘     └──┘     └──┘     └──┘


  7        5        8        2
- 1      - 3      - 6      - 1
┌──┐     ┌──┐     ┌──┐     ┌──┐
└──┘     └──┘     └──┘     └──┘


  4        8        5        6
- 4      - 2      - 1      - 2
┌──┐     ┌──┐     ┌──┐     ┌──┐
└──┘     └──┘     └──┘     └──┘


  3        7        6        8
- 0      - 5      - 4      - 3
┌──┐     ┌──┐     ┌──┐     ┌──┐
└──┘     └──┘     └──┘     └──┘


  9        10       7        4
- 6      - 3      - 4      - 3
┌──┐     ┌──┐     ┌──┐     ┌──┐
└──┘     └──┘     └──┘     └──┘
```

세 수의 덧셈

3 + 1 + 4 = ☐   5 + 3 + 2 = ☐

2 + 1 + 3 = ☐   2 + 1 + 3 = ☐

4 + 1 + 5 = ☐   3 + 0 + 4 = ☐

5 + 3 + 2 = ☐   8 + 1 + 1 = ☐

3 + 4 + 2 = ☐   4 + 5 + 1 = ☐

2 + 4 + 1 = ☐   2 + 5 + 0 = ☐

8 + 0 + 2 = ☐   4 + 4 + 1 = ☐

9 + 0 + 1 = ☐   6 + 1 + 3 = ☐

세 수의 덧셈

2 + 2 + 4 = ☐   3 + 3 + 2 = ☐

3 + 1 + 5 = ☐   4 + 1 + 3 = ☐

4 + 2 + 4 = ☐   5 + 0 + 4 = ☐

5 + 2 + 1 = ☐   7 + 1 + 2 = ☐

3 + 1 + 2 = ☐   3 + 6 + 1 = ☐

1 + 4 + 2 = ☐   2 + 8 + 0 = ☐

8 + 0 + 2 = ☐   0 + 9 + 1 = ☐

9 + 1 + 0 = ☐   5 + 1 + 3 = ☐

세 수의 뺄셈

4 - 2 - 2 = ☐   6 - 2 - 3 = ☐

7 - 3 - 2 = ☐   8 - 2 - 4 = ☐

8 - 5 - 0 = ☐   9 - 7 - 1 = ☐

5 - 3 - 1 = ☐   7 - 0 - 6 = ☐

6 - 4 - 2 = ☐   4 - 1 - 2 = ☐

10 - 2 - 6 = ☐   8 - 3 - 5 = ☐

9 - 5 - 2 = ☐   10 - 4 - 2 = ☐

8 - 2 - 4 = ☐   6 - 1 - 3 = ☐

7 - 1 - 4 = ☐   5 - 1 - 1 = ☐

5 - 3 - 2 = ☐   8 - 3 - 4 = ☐

6 - 0 - 2 = ☐   6 - 2 - 3 = ☐

5 - 3 - 1 = ☐   7 - 5 - 2 = ☐

9 - 4 - 2 = ☐   4 - 1 - 2 = ☐

10 - 1 - 7 = ☐   9 - 3 - 3 = ☐

8 - 5 - 2 = ☐   10 - 6 - 2 = ☐

6 - 1 - 3 = ☐   5 - 0 - 4 = ☐

세 수의 덧셈

2 + 3 + ☐ = 10   8 + 2 + ☐ = 10

1 + 9 + ☐ = 10   1 + 1 + ☐ = 10

6 + 2 + ☐ = 10   4 + 5 + ☐ = 10

3 + 4 + ☐ = 10   6 + 1 + ☐ = 10

2 + 2 + ☐ = 10   7 + 2 + ☐ = 10

2 + 5 + ☐ = 10   4 + 2 + ☐ = 10

4 + 4 + ☐ = 10   2 + 1 + ☐ = 10

1 + 0 + ☐ = 10   6 + 2 + ☐ = 10

10 - 2 - 6 = ☐   10 - 1 - 1 = ☐

10 - 3 - 4 = ☐   10 - 2 - 4 = ☐

10 - 5 - 1 = ☐   10 - 7 - 1 = ☐

10 - 4 - 2 = ☐   10 - 3 - 2 = ☐

10 - 3 - 6 = ☐   10 - 2 - 1 = ☐

10 - 2 - 2 = ☐   10 - 3 - 5 = ☐

10 - 1 - 0 = ☐   10 - 5 - 4 = ☐

10 - 7 - 2 = ☐   10 - 3 - 3 = ☐

9단계
(십 몇) 알아보기

10	+	1	=	
10	+	2	=	
10	+	3	=	
10	+	4	=	
10	+	5	=	
10	+	6	=	
10	+	7	=	
10	+	8	=	
10	+	9	=	

5	+	10	=	
7	+	10	=	
6	+	10	=	
9	+	10	=	
8	+	10	=	
2	+	10	=	
1	+	10	=	
4	+	10	=	
3	+	10	=	

11은 10개씩 묶음 ☐ 개와 낱개 ☐

12는 10개씩 묶음 ☐ 개와 낱개 ☐

13은 10개씩 묶음 ☐ 개와 낱개 ☐

14는 10개씩 묶음 ☐ 개와 낱개 ☐

15는 10개씩 묶음 ☐ 개와 낱개 ☐

16은 10개씩 묶음 ☐ 개와 낱개 ☐

17은 10개씩 묶음 ☐ 개와 낱개 ☐

18은 10개씩 묶음 ☐ 개와 낱개 ☐

19는 10개씩 묶음 ☐ 개와 낱개 ☐

수 읽기

11 (십일 , 열하나)   11 (,   )

12 (십이 , 열둘)   12 (,   )

13 (십삼 , 열셋)   13 (,   )

14 (십사 , 열넷)   14 (,   )

15 (십오 , 열다섯)   15 (,   )

16 (십육 , 열여섯)   16 (,   )

17 (십칠 , 열일곱)   17 (,   )

18 (십팔 , 열여덟)   18 (,   )

19 (십구 , 열아홉)   19 (,   )

11 (　　　,　　　)　　15 (　　　,　　　)

12 (　　　,　　　)　　17 (　　　,　　　)

13 (　　　,　　　)　　11 (　　　,　　　)

14 (　　　,　　　)　　19 (　　　,　　　)

15 (　　　,　　　)　　14 (　　　,　　　)

16 (　　　,　　　)　　18 (　　　,　　　)

17 (　　　,　　　)　　12 (　　,　　　)

18 (　　　,　　　)　　16 (　　　,　　　)

19 (　　　,　　　)　　13 (　　　,　　　)

10을 만들어 더하기

(3 + 7) + 5 = ☐   5 + 3 + 7 = ☐
10

(2 + 8) + 6 = ☐   6 + 8 + 2 = ☐
10

(6 + 4) + 3 = ☐   3 + 4 + 6 = ☐
10

①+ 8 +⑨ = ☐   9 + 8 + 1 = ☐
10

⑤+ 7 +⑤ = ☐   5 + 7 + 5 = ☐
10

④+ 4 +⑥ = ☐   6 + 4 + 4 = ☐
10

2 +(9 + 1) = ☐   1 + 9 + 2 = ☐
10

9 +(5 + 5) = ☐   5 + 5 + 9 = ☐
10

⑦+ 1 +③ = ☐   3 + 1 + 7 = ☐
10

⑧+ 5 +② = ☐   2 + 5 + 8 = ☐
10

(2 + 8) + 6 = ☐
10

(3) + 4 + (7) = ☐
10

(4 + 6) + 2 = ☐
10

7 + (1 + 9) = ☐
10

(10 + 0) + 8 = ☐
10

(5) + 2 + (5) = ☐
10

(6 + 4) + 4 = ☐
10

5 + (7 + 3) = ☐
10

(9) + 8 + (1) = ☐
10

(5 + 5) + 6 = ☐
10

7 + 3 + 6 = ☐

5 + 7 + 5 = ☐

1 + 9 + 8 = ☐

4 + 8 + 2 = ☐

4 + 3 + 6 = ☐

2 + 3 + 7 = ☐

5 + 4 + 5 = ☐

2 + 8 + 9 = ☐

0 + 10 + 5 = ☐

9 + 2 + 1 = ☐

10을 만들어 더하기

(1 + 9) + 4 = ☐
    10

6 + 10 + 0 = ☐

(5 + 5) + 5 = ☐
    10

4 + 1 + 6 = ☐

7 + (4 + 6) = ☐
        10

3 + 5 + 7 = ☐

3 + 9 + 7 = ☐
    10

8 + 2 + 9 = ☐

(8 + 2) + 8 = ☐
    10

5 + 6 + 5 = ☐

9 + 3 + 1 = ☐
    10

9 + 7 + 1 = ☐

(7 + 3) + 1 = ☐
    10

7 + 3 + 8 = ☐

6 + 2 + 4 = ☐
    10

10 + 5 + 0 = ☐

6 + (5 + 5) = ☐
        10

4 + 2 + 6 = ☐

2 + 4 + 8 = ☐
    10

9 + 2 + 8 = ☐

10단계
1 ~ 50까지의 수

1~50 까지의 수 쓰고 읽기

1~50 까지의 수 쓰고 읽기

1~50 까지의 수 쓰고 읽기

10 (십 , 열)   10 (,   )

20 (이십 , 스물)   20 (,   )

30 (삼십 , 서른)   30 (,   )

40 (사십 , 마흔)   40 (,   )

50 (오십 , 쉰)   50 (,   )

30 (,   )   50 (,   )

10 (,   )   20 (,   )

40 (,   )   10 (,   )

50 (,   )   30 (,   )

20 (,   )   40 (,   )

10은　　10개씩 묶음　[　]　개

20은　　10개씩 묶음　[　]　개

30은　　10개씩 묶음　[　]　개

40은　　10개씩 묶음　[　]　개

50은　　10개씩 묶음　[　]　개

24은　　10개씩　묶음　[　]　개와　낱개　[　]

49는　　10개씩　묶음　[　]　개와　낱개　[　]

17은　　10개씩　묶음　[　]　개와　낱개　[　]

36는　　10개씩　묶음　[　]　개와　낱개　[　]

45는　　10개씩　묶음　[　]　개와　낱개　[　]

28은　　10개씩　묶음　[　]　개와　낱개　[　]

12은　　10개씩　묶음　[　]　개와　낱개　[　]

31은　　10개씩　묶음　[　]　개와　낱개　[　]

23는　　10개씩　묶음　[　]　개와　낱개　[　]

12 = 10 + ☐

35 = 30 + ☐

24 = ☐ + 4

47 = ☐ + 7

☐ = 30 + 8

☐ = 20 + 2

26 = ☐ + 6

45 = ☐ + 5

19 = 10 + ☐

33 = 30 + ☐

1 작은 수   1 큰 수

(   ) - 38 - (   )

(   ) - 12 - (   )

(   ) - 46 - (   )

(   ) - 27 - (   )

(   ) - 13 - (   )

(   ) - 49 - (   )

(   ) - 34 - (   )

(   ) - 25 - (   )

(   ) - 31 - (   )

(   ) - 16 - (   )

35 = 30 + ☐

29 = 20 + ☐

14 = ☐ + 4

46 = ☐ + 6

☐ = 10 + 7

☐ = 40 + 3

22 = ☐ + 2

38 = ☐ + 8

47 = 40 + ☐

13 = 10 + ☐

1 작은 수   1 큰 수

(   ) - 26 - (   )

(   ) - 47 - (   )

(   ) - 31 - (   )

(   ) - 19 - (   )

(   ) - 45 - (   )

(   ) - 28 - (   )

(   ) - 30 - (   )

(   ) - 14 - (   )

(   ) - 43 - (   )

(   ) - 20 - (   )

11단계
확인학습

가로셈

3 + 2 = ☐   5 - 2 = ☐

4 + 1 = ☐   5 - 4 = ☐

5 + 0 = ☐   5 - 0 = ☐

1 + 4 = ☐   5 - 1 = ☐

2 + 3 = ☐   5 - 3 = ☐

5 + 1 = ☐   6 - 5 = ☐

5 + 4 = ☐   9 - 4 = ☐

5 + 2 = ☐   7 - 5 = ☐

5 + 5 = ☐   10 - 5 = ☐

5 + 3 = ☐   8 - 3 = ☐

2 + 8 = ☐   10 - 2 = ☐

4 + 6 = ☐   10 - 6 = ☐

7 + 3 = ☐   10 - 7 = ☐

1 + 9 = ☐   10 - 9 = ☐

8 + 2 = ☐   10 - 8 = ☐

5 + 5 = ☐   10 - 5 = ☐

3 + 7 = ☐   10 - 3 = ☐

6 + 4 = ☐   10 - 4 = ☐

2 + 8 = ☐   10 - 2 = ☐

10 + 0 = ☐   10 - 0 = ☐

9 + 1 = ☐   10 - 1 = ☐

가로셈

3 + 6 = ☐   9 - 3 = ☐

4 + 2 = ☐   6 - 2 = ☐

2 + 6 = ☐   8 - 2 = ☐

3 + 4 = ☐   7 - 4 = ☐

7 + 2 = ☐   9 - 7 = ☐

2 + 5 = ☐   7 - 2 = ☐

4 + 3 = ☐   7 - 3 = ☐

6 + 3 = ☐   9 - 6 = ☐

2 + 4 = ☐   6 - 2 = ☐

6 + 2 = ☐   8 - 6 = ☐

2 + 7 = ☐   9 - 2 = ☐

세로셈

```
    3          1          6          2
  + 3        + 1        - 3        - 1
  ┌───┐      ┌───┐      ┌───┐      ┌───┐
  └───┘      └───┘      └───┘      └───┘


    2          4          4          8
  + 2        + 4        - 2        - 4
  ┌───┐      ┌───┐      ┌───┐      ┌───┐
  └───┘      └───┘      └───┘      └───┘


    5          4         10          5
  + 5        + 1        - 5        - 4
  ┌───┐      ┌───┐      ┌───┐      ┌───┐
  └───┘      └───┘      └───┘      └───┘


    8          1          8          8
  + 0        + 7        - 0        - 7
  ┌───┐      ┌───┐      ┌───┐      ┌───┐
  └───┘      └───┘      └───┘      └───┘


    6          0          8         10
  + 1        + 10       - 6        - 0
  ┌───┐      ┌───┐      ┌───┐      ┌───┐
  └───┘      └───┘      └───┘      └───┘
```

세로셈

4	6	5	6
+ 3	+ 3	− 1	− 4
□	□	□	□

2	4	9	8
+ 5	+ 5	− 5	− 6
□	□	□	□

6	4	7	5
+ 1	+ 2	− 2	− 4
□	□	□	□

5	2	9	8
+ 3	+ 3	− 6	− 7
□	□	□	□

2	1	5	7
+ 7	+ 9	− 2	− 3
□	□	□	□

```
    3          6          7          5
+   3      +   2      -   1      -   4
────────   ────────   ────────   ────────
  □          □          □          □


    2          5          8          6
+   3      +   5      -   5      -   2
────────   ────────   ────────   ────────
  □          □          □          □


    7          3          6          4
+   2      +   6      -   3      -   2
────────   ────────   ────────   ────────
  □          □          □          □


    4          2          7          8
+   3      +   5      -   3      -   6
────────   ────────   ────────   ────────
  □          □          □          □


    3          5          9          5
+   7      +   4      -   4      -   3
────────   ────────   ────────   ────────
  □          □          □          □
```

세 수의 덧셈	세 수의 뺄셈

3 + 2 + 4 = ☐

8 − 2 − 6 = ☐

1 + 4 + 5 = ☐

7 − 1 − 4 = ☐

5 + 0 + 3 = ☐

8 − 4 − 3 = ☐

4 + 3 + 2 = ☐

7 − 2 − 3 = ☐

2 + 2 + 2 = ☐

9 − 6 − 3 = ☐

1 + 3 + 5 = ☐

8 − 2 − 2 = ☐

2 + 3 + 5 = ☐

10 − 5 − 3 = ☐

세 수의 덧셈	세 수의 뺄셈

3 + 3 + 4 = ☐

9 - 2 - 3 = ☐

2 + 4 + 2 = ☐

8 - 1 - 4 = ☐

1 + 5 + 3 = ☐

7 - 5 - 1 = ☐

5 + 2 + 0 = ☐

6 - 0 - 2 = ☐

1 + 6 + 1 = ☐

5 - 4 - 1 = ☐

5 + 1 + 3 = ☐

8 - 3 - 3 = ☐

1 + 1 + 7 = ☐

8 - 3 - 1 = ☐

세 수의 덧셈	세 수의 뺄셈

2 + 5 + ☐ = 10   10 - 3 - 2 = ☐

2 + 2 + ☐ = 10   10 - 5 - 4 = ☐

4 + 2 + ☐ = 10   10 - 2 - 1 = ☐

5 + 3 + ☐ = 10   10 - 6 - 2 = ☐

3 + 4 + ☐ = 10   10 - 1 - 1 = ☐

1 + 1 + ☐ = 10   10 - 4 - 3 = ☐

6 + 3 + ☐ = 10   10 - 2 - 4 = ☐

세 수의 덧셈과 뺄셈

9 - 2 + 3 = ☐

6 + 2 - 4 = ☐

8 + 1 - 4 = ☐

7 - 3 + 2 = ☐

3 - 2 + 6 = ☐

5 + 3 - 1 = ☐

2 + 4 - 1 = ☐

9 - 7 + 8 = ☐

6 - 4 + 3 = ☐

4 + 5 - 3 = ☐

7 + 3 - 5 = ☐

8 - 6 + 5 = ☐

9 - 2 + 3 = ☐

2 + 7 - 6 = ☐

숫자 쓰기

영	일	이	삼	사	오	육	칠	팔	구
0	1	2	3	4	5	6	7	8	9
0	1	2	3	4	5	6	7	8	9
0	1	2	3	4	5	6	7	8	9
0	1	2	3	4	5	6	7	8	9

매쓰쿠키 1권

발행일 · 2020년 1월 3일

지은이 · 이수현
발행처 · 꿈나래
출판사 등록일 · 2019년 11월 7일

전화 · 010-8952-9588
이메일 · mathcookie@naver.com
편집 및 디자인 · 정수빈 (jeongs176@naver.com)

ISBN 979-11-968789-0-0

정답

매쓰쿠키

"읽으면 아는 연산"

- 수학도 쿠키처럼 맛있게

어려운 연산은 NO

- 첫 연산은 빠르게
- 첫 연산은 기억하기 쉽게
- 첫 연산은 노래하며 재미있게
- 다양한 맛으로 아이들을 사로잡는 매쓰쿠키

MATH COOKIE

초등 수학
1학년 1학기

정답 및 풀이

수 읽기

1 (일 , 하나)
2 (이 , 둘)
3 (삼 , 셋)
4 (사 , 넷)
5 (오 , 다섯)
6 (육 , 여섯)
7 (칠 , 일곱)
8 (팔 , 여덟)
9 (구 , 아홉)
10 (십 , 열)

1 (일 , 하나)
2 (이 , 둘)
3 (삼 , 셋)
4 (사 , 넷)
5 (오 , 다섯)
6 (육 , 여섯)
7 (칠 , 일곱)
8 (팔 , 여덟)
9 (구 , 아홉)
10 (십 , 열)

5 (오 , 다섯)
7 (칠 , 일곱)
2 (이 , 둘)
8 (팔 , 여덟)
3 (삼 , 셋)
1 (일 , 하나)
4 (사 , 넷)
10 (십 , 열)
6 (육 , 여섯)
9 (구 , 아홉)

○ 에 알맞은 수를 써 넣으시오.

1 — 2 — 3 — 4 — 5 — 6
4 — 5 — 6 — 7 — 8 — 9
1 — 2 — 3 — 4 — 5
9 — 8 — 7 — 6
9 — 8 — 7 — 6 — 5 — 4
7 — 6 — 5 — 4 — 3 — 2
9 — 8 — 7 — 6 — 5
1 — 2 — 3 — 4 — 5

6

수의 순서

1	2	3	4	5	6	7	8	9
첫째	둘째	셋째	넷째	다섯째	여섯째	일곱째	여덟째	아홉째

수의 순서를 써 넣으시오.

1 (첫째)　　1 (첫째)

2 (둘째)　　2 (둘째)

3 (셋째)　　3 (셋째)

4 (넷째)　　4 (넷째)

5 (다섯 째)　　5 (다섯 째)

6 (여섯 째)　　6 (여섯 째)

7 (일곱 째)　　7 (일곱 째)

8 (여덟 째)　　8 (여덟 째)

9 (아홉 째)　　9 (아홉 째)

7

알맞게 색칠하세요.

하나 (일)	첫째
둘 (이)	둘째
셋 (삼)	셋째
넷 (사)	넷째
다섯 (오)	다섯 째
여섯 (육)	여섯 째
일곱 (칠)	일곱 째
여덟 (팔)	여덟 째
아홉 (구)	아홉 째

1 큰 수

0 + 1 =	1
1 + 1 =	2
2 + 1 =	3
3 + 1 =	4
4 + 1 =	5
5 + 1 =	6
6 + 1 =	7
7 + 1 =	8
8 + 1 =	9
9 + 1 =	10

1 작은 수

1 - 1 =	0
2 - 1 =	1
3 - 1 =	2
4 - 1 =	3
5 - 1 =	4
6 - 1 =	5
7 - 1 =	6
8 - 1 =	7
9 - 1 =	8
10 - 1 =	9

알맞게 색칠하세요.

오른쪽에서 아홉 째

왼쪽에서 여섯 째

오른쪽에서 셋 째

왼쪽에서 다섯 째

오른쪽에서 여섯 째

왼쪽에서 둘째

오른쪽에서 첫 째

왼쪽에서 넷 째

오른쪽에서 일곱 째

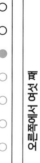

1큰수

2 + 1 = 3
4 + 1 = 5
8 + 1 = 9
6 + 1 = 7
0 + 1 = 1
9 + 1 = 10
3 + 1 = 4
5 + 1 = 6
7 + 1 = 8
1 + 1 = 2

1작은수

3 - 1 = 2
5 - 1 = 4
9 - 1 = 8
7 - 1 = 6
1 - 1 = 0
10 - 1 = 9
4 - 1 = 3
6 - 1 = 5
8 - 1 = 7
2 - 1 = 1

익히기

9 8 7 6 5 4 3 2 1 0
-1 -1 -1 -1 -1 -1 -1 -1 -1

이어지는 수의 차는 1 입니다.

10 - 9 = 1
9 - 8 = 1
8 - 7 = 1
7 - 6 = 1
6 - 5 = 1
5 - 4 = 1
4 - 3 = 1
3 - 2 = 1
2 - 1 = 1
1 - 0 = 1

3 - 2 = 1
5 - 4 = 1
9 - 8 = 1
7 - 6 = 1
2 - 1 = 1
10 - 9 = 1
4 - 3 = 1
6 - 5 = 1
8 - 7 = 1
2 - 1 = 1

익히기

Page 19

$5 - 4 = \boxed{1}$ $3 - 2 = \boxed{1}$

$9 - 8 = \boxed{1}$ $5 - 4 = \boxed{1}$

$10 - 9 = \boxed{1}$ $9 - 8 = \boxed{1}$

$4 - 3 = \boxed{1}$ $7 - 6 = \boxed{1}$

$6 - 5 = \boxed{1}$ $2 - 1 = \boxed{1}$

$7 - 6 = \boxed{1}$ $1 - 0 = \boxed{1}$

$1 - 0 = \boxed{1}$ $10 - 9 = \boxed{1}$

$2 - 1 = \boxed{1}$ $6 - 5 = \boxed{1}$

$7 - 6 = \boxed{1}$ $8 - 7 = \boxed{1}$

$3 - 2 = \boxed{1}$ $2 - 1 = \boxed{1}$

Page 20

$5 - \boxed{4} = 1$ $5 - 4 = 1$

$1 - \boxed{0} = 1$ $1 - 0 = 1$

$7 - \boxed{6} = 1$ $7 - 6 = 1$

$2 - \boxed{1} = 1$ $2 - 1 = 1$

$6 - \boxed{5} = 1$ $6 - 5 = 1$

$10 - \boxed{9} = 1$ $10 - 9 = 1$

$4 - \boxed{3} = 1$ $4 - 3 = 1$

$8 - \boxed{7} = 1$ $8 - 7 = 1$

$3 - \boxed{2} = 1$ $3 - 2 = 1$

$9 - \boxed{8} = 1$ $9 - 8 = 1$

1만큼 더 큰 수와 1만큼 더 작은 수

| 0 | 1 | 2 | 3 | 4 | 5 | 6 | 7 | 8 | 9 | 10 |

1 작은 수와 1 큰 수를 써 넣으시오.

1작은 수		1큰 수		1작은 수		1큰 수
(0)	- 1 -	(2)		(4)	- 5 -	(6)
(1)	- 2 -	(3)		(2)	- 3 -	(4)
(2)	- 3 -	(4)		(5)	- 6 -	(7)
(3)	- 4 -	(5)		(0)	- 1 -	(2)
(4)	- 5 -	(6)		(3)	- 4 -	(5)
(5)	- 6 -	(7)		(8)	- 9 -	(10)
(6)	- 7 -	(8)		(6)	- 7 -	(8)
(7)	- 8 -	(9)		(1)	- 2 -	(3)
(8)	- 9 -	(10)		(7)	- 8 -	(9)

1만큼 더 큰 수와 1만큼 더 작은 수

| 0 | 1 | 2 | 3 | 4 | 5 | 6 | 7 | 8 | 9 | 10 |

1 작은 수와 1 큰 수를 써 넣으시오.

1작은 수		1큰 수		1작은 수		1큰 수
(1)	- 2 -	(3)		(6)	- 7 -	(8)
(3)	- 4 -	(5)		(2)	- 3 -	(4)
(5)	- 6 -	(7)		(8)	- 9 -	(10)
(7)	- 8 -	(9)		(4)	- 5 -	(6)
(0)	- 1 -	(2)		(7)	- 8 -	(9)
(2)	- 3 -	(4)		(1)	- 2 -	(3)
(4)	- 5 -	(6)		(5)	- 6 -	(7)
(6)	- 7 -	(8)		(0)	- 1 -	(2)
(8)	- 9 -	(10)		(3)	- 4 -	(5)

Page 25

$1 + 4 = \boxed{5}$

$2 + 3 = \boxed{5}$

$3 + 2 = \boxed{5}$

$4 + 1 = \boxed{5}$

$5 - 4 = \boxed{1}$

$5 - 3 = \boxed{2}$

$5 - 2 = \boxed{3}$

$5 - 1 = \boxed{4}$

$4 + \boxed{1} = 5$

$3 + \boxed{2} = 5$

$2 + \boxed{3} = 5$

$1 + \boxed{4} = 5$

$5 - \boxed{4} = 1$

$5 - \boxed{3} = 2$

$5 - \boxed{2} = 3$

$5 - \boxed{1} = 4$

Page 24

덧셈 (더하기 , 합)   **뺄셈 (빼기 , 차)**

작은수 + 작은수 = 큰수   큰수 - 작은수 = 작은수

● + ◆ = ♥   ♥ - ◆ = ●

$1 + 4 = \boxed{5}$

$4 + 1 = \boxed{5}$

$5 - 1 = \boxed{4}$

$5 - 4 = \boxed{1}$

$2 + 3 = \boxed{5}$

$3 + 2 = \boxed{5}$

$5 - 2 = \boxed{3}$

$5 - 3 = \boxed{2}$

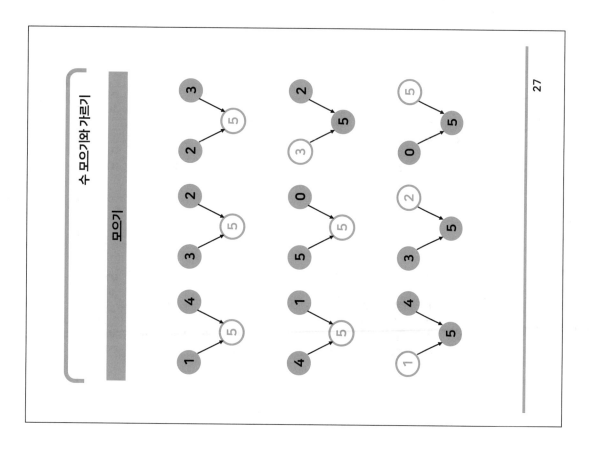

수 모으기와 가르기

모으기

---

4 + 1 = 5   5 - 4 = 1

3 + 2 = 5   5 - 3 = 2

2 + 3 = 5   5 - 2 = 3

1 + 4 = 5   5 - 1 = 4

□ 안에 알맞은 (+, -) 를 넣으시오.

4 + 1 = 5   5 - 1 = 4

2 + 3 = 5   5 - 3 = 2

1 + 4 = 5   5 - 4 = 1

3 + 2 = 5   5 - 2 = 3

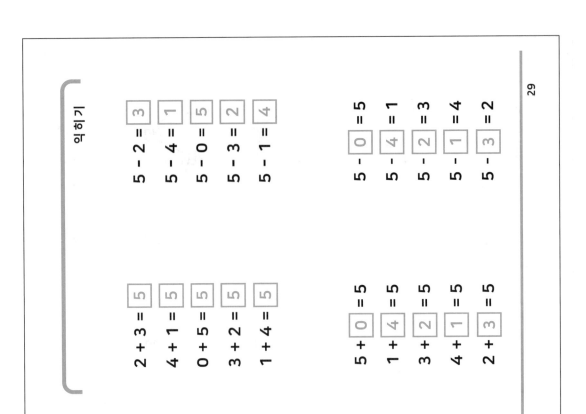

익히기

2 + 3 = [5]
4 + 1 = [5]
0 + 5 = [5]
3 + 2 = [5]
1 + 4 = [5]

5 - 2 = [3]
5 - 4 = [1]
5 - 0 = [5]
5 - 3 = [2]
5 - 1 = [4]

5 + [0] = 5
1 + [4] = 5
3 + [2] = 5
4 + [1] = 5
2 + [3] = 5

[5] - 0 = 5
[5] - 4 = 1
[5] - 2 = 3
[5] - 1 = 4
[5] - 3 = 2

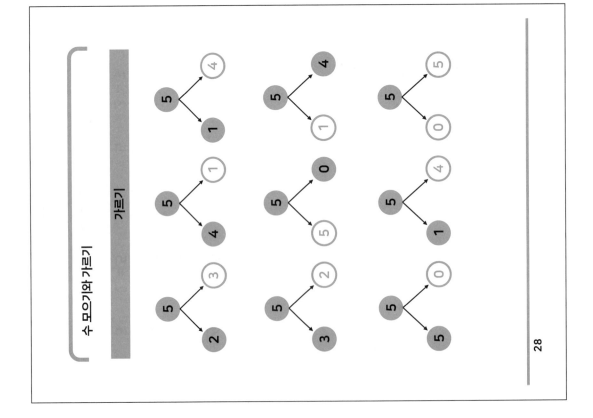

수 모으기와 가르기

가르기

32

덧셈 (더하기 , 합)

작은수 + 작은수 = 큰수
◆ + ● = ♥

5 + 1 = 6
1 + 5 = 6

5 + 2 = 7
2 + 5 = 7

뺄셈 (빼기 , 차)

큰수 - 작은수 = 작은수
♥ - ● = ◆

6 - 5 = 1
6 - 1 = 5

7 - 5 = 2
7 - 2 = 5

30

1 + 4 = 5   5 - 4 = 1
0 + 5 = 5   5 - 5 = 0
3 + 2 = 5   5 - 2 = 3
4 + 1 = 5   5 - 1 = 4
2 + 3 = 5   5 - 3 = 2

□ 안에 알맞은 (+, -) 를 넣으시오.

3 □ 2 = 5   5 □ 2 = 3
1 □ 4 = 5   5 □ 4 = 1
2 □ 3 = 5   5 □ 3 = 2
4 □ 1 = 5   5 □ 1 = 4

익히기

5 + 1 = [6]
5 + 2 = [7]
5 + 3 = [8]
5 + 4 = [9]

[5] + 1 = 6
[5] + 2 = 7
[5] + 3 = 8
[5] + 4 = 9

6 − 5 = [1]
7 − 5 = [2]
8 − 5 = [3]
9 − 5 = [4]

6 − [1] = 5
7 − [2] = 5
8 − [3] = 5
9 − [4] = 5

덧셈 (더하기, 합)

작은수 + 작은수 = 큰수
● + ◆ = ♥

◆ + ● = ♥
5 + 3 = [8]
3 + 5 = [8]

♥ + ● = ♥
5 + 4 = [9]
4 + 5 = [9]

뺄셈 (빼기, 차)

큰수 − 작은수 = 작은수
♥ − ◆ = ●

♥ − ◆ = ●
8 − 5 = [3]
8 − 3 = [5]

♥ − ● = ◆
9 − 5 = [4]
9 − 4 = [5]

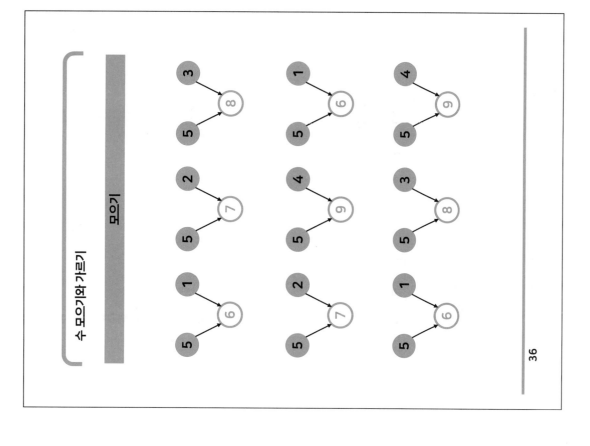

수 모으기와 가르기

모으기

---

5 + 1 = 6 6 - 5 = 1
5 + 2 = 7 7 - 5 = 2
5 + 3 = 8 8 - 5 = 3
5 + 4 = 9 9 - 5 = 4

□ 안에 알맞은 (+, -) 를 넣으시오.

5 [+] 1 = 6 6 [-] 5 = 1
5 [+] 3 = 8 8 [-] 5 = 3
5 [+] 2 = 7 7 [-] 5 = 2
5 [+] 4 = 9 9 [-] 5 = 4

익히기

5 + 3 = $\boxed{8}$ 8 − 3 = $\boxed{5}$

5 + 1 = $\boxed{6}$ 6 − 1 = $\boxed{5}$

5 + 4 = $\boxed{9}$ 9 − 4 = $\boxed{5}$

5 + 2 = $\boxed{7}$ 7 − 2 = $\boxed{5}$

5 + 2 = $\boxed{7}$ 7 − $\boxed{2}$ = 5

5 + 3 = $\boxed{8}$ 8 − $\boxed{3}$ = 5

5 + 1 = $\boxed{6}$ 6 − $\boxed{1}$ = 5

5 + 4 = $\boxed{9}$ 9 − $\boxed{4}$ = 5

수 모으기와 가르기

가르기

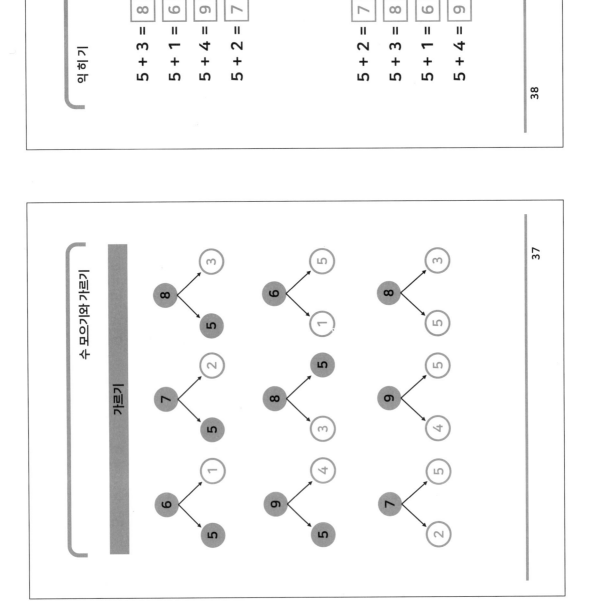

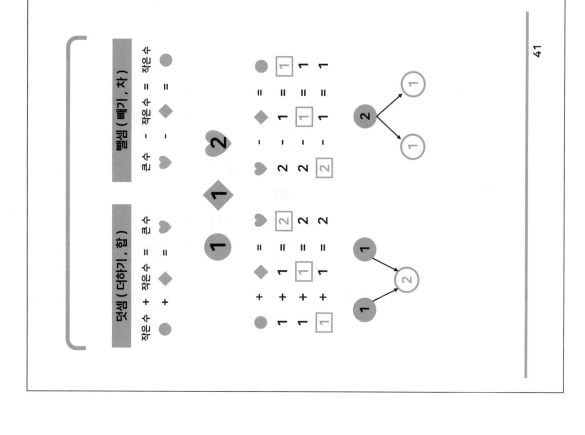

익히기

6 - 5 = 1
9 - 5 = 4
8 - 5 = 3
7 - 5 = 2

5 + 1 = 6
5 + 4 = 9
5 + 3 = 8
5 + 2 = 7

□ 안에 알맞은 (+, -)를 넣으시오.

5 + 3 = 8   8 - 5 = 3
5 + 1 = 6   6 - 5 = 1
5 + 4 = 9   9 - 5 = 4
5 + 2 = 7   7 - 5 = 2

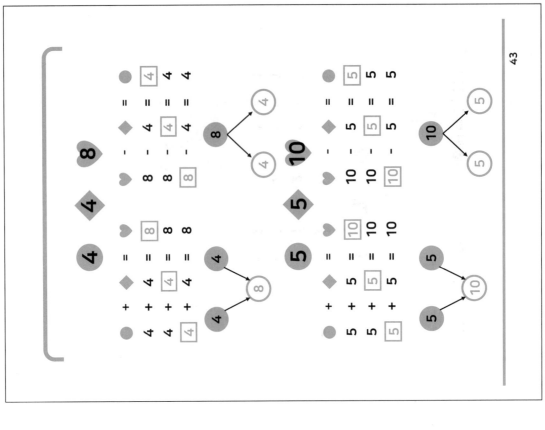

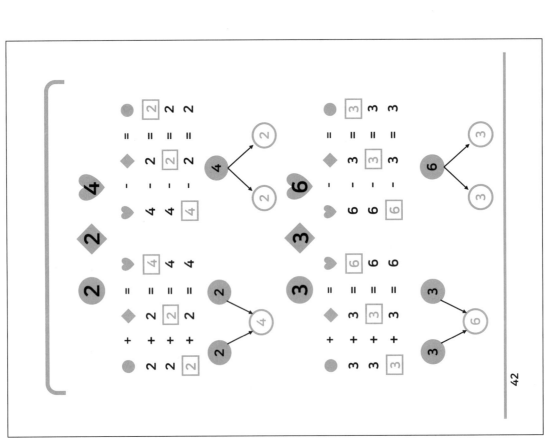

44

익히기

$1 + 1 = \boxed{2}$

$2 + 2 = \boxed{4}$

$3 + 3 = \boxed{6}$

$4 + 4 = \boxed{8}$

$5 + 5 = \boxed{10}$

$2 - 1 = \boxed{1}$

$4 - 2 = \boxed{2}$

$6 - 3 = \boxed{3}$

$8 - 4 = \boxed{4}$

$10 - 5 = \boxed{5}$

$\boxed{1} + 1 = 2$

$\boxed{2} + 2 = 4$

$\boxed{3} + 3 = 6$

$\boxed{4} + 4 = 8$

$\boxed{5} + 5 = 10$

$2 - \boxed{1} = 1$

$4 - \boxed{2} = 2$

$6 - \boxed{3} = 3$

$8 - \boxed{4} = 4$

$10 - \boxed{5} = 5$

45

익히기

$\boxed{1} + 1 = 2$

$\boxed{2} + 2 = 4$

$\boxed{3} + 3 = 6$

$\boxed{4} + 4 = 8$

$\boxed{5} + 5 = 10$

$\boxed{2} - 1 = 1$

$\boxed{4} - 2 = 2$

$\boxed{6} - 3 = 3$

$\boxed{8} - 4 = 4$

$\boxed{10} - 5 = 5$

□ 안에 알맞은 (+, -) 를 넣으시오.

$1 \boxed{+} 1 = 2$

$5 \boxed{+} 5 = 10$

$3 \boxed{+} 3 = 6$

$2 \boxed{+} 2 = 4$

$4 \boxed{+} 4 = 8$

$2 \boxed{-} 1 = 1$

$10 \boxed{-} 5 = 5$

$6 \boxed{-} 3 = 3$

$4 \boxed{-} 2 = 2$

$8 \boxed{-} 4 = 4$

수 모으기와 가르기

가르기

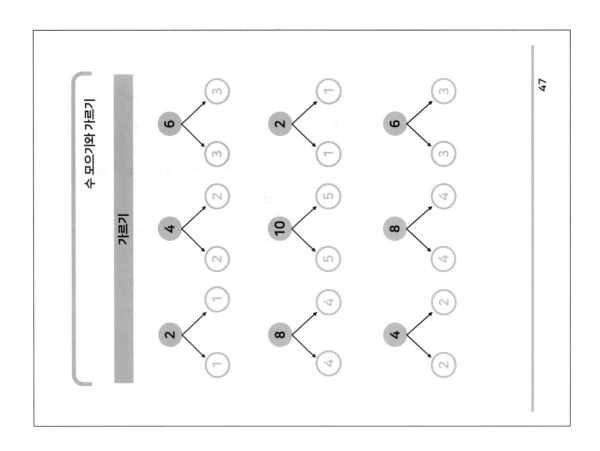

수 모으기와 가르기

모으기

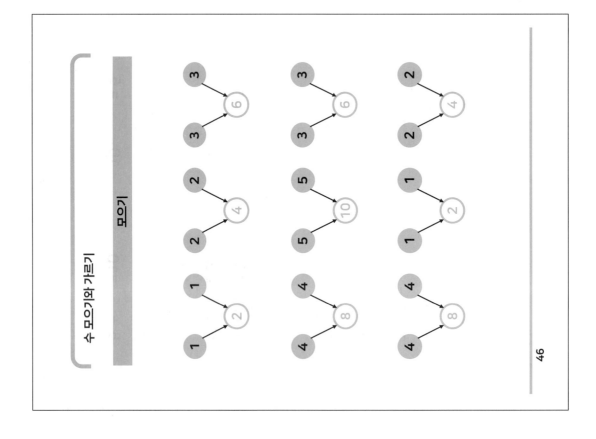

익히기

1 + 1 = 2
5 + 5 = 10
3 + 3 = 6
4 + 4 = 8
2 + 2 = 4

2 - 1 = 1
10 - 5 = 5
6 - 3 = 3
8 - 4 = 4
4 - 2 = 2

□안에 알맞은 (+, -) 를 넣으시오.

3 □ 3 = 6
5 □ 5 = 10
2 □ 2 = 4
4 □ 4 = 8
1 □ 1 = 2

6 □ 3 = 3
10 □ 5 = 5
4 □ 2 = 2
8 □ 4 = 4
2 □ 1 = 1

익히기

3 + 3 = 6
5 + 5 = 10
1 + 1 = 2
4 + 4 = 8
2 + 2 = 4

6 - 3 = 3
10 - 5 = 5
2 - 1 = 1
8 - 4 = 4
4 - 2 = 2

5 + 5 = 10
2 + 2 = 4
4 + 4 = 8
1 + 1 = 2
3 + 3 = 6

10 - 5 = 5
4 - 2 = 2
8 - 4 = 4
2 - 1 = 1
6 - 3 = 3

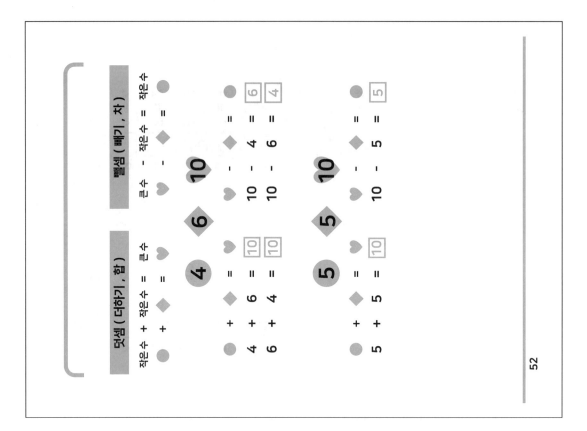

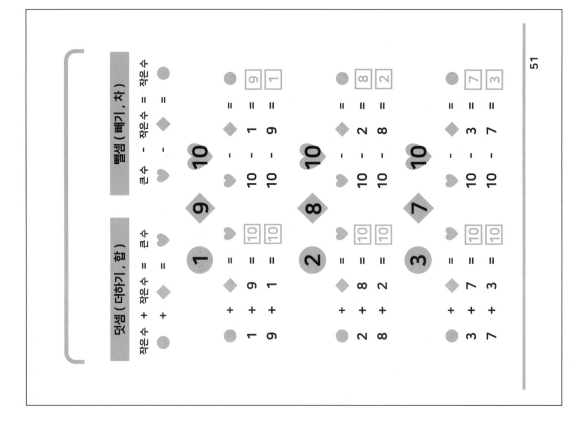

익히기

1 + [9] = 10
2 + [8] = 10
3 + [7] = 10
4 + [6] = 10
5 + [5] = 10
6 + [4] = 10
7 + [3] = 10
8 + [2] = 10
9 + [1] = 10
10 + [0] = 10

10 - [9] = 1
10 - [8] = 2
10 - [7] = 3
10 - [6] = 4
10 - [5] = 5
10 - [4] = 6
10 - [3] = 7
10 - [2] = 8
10 - [1] = 9
10 - [0] = 10

익히기

10 - 9 = [1]
10 - 8 = [2]
10 - 7 = [3]
10 - 6 = [4]
10 - 5 = [5]
10 - 4 = [6]
10 - 3 = [7]
10 - 2 = [8]
10 - 1 = [9]
10 - 0 = [10]

1 + 9 = [10]
2 + 8 = [10]
3 + 7 = [10]
4 + 6 = [10]
5 + 5 = [10]
6 + 4 = [10]
7 + 3 = [10]
8 + 2 = [10]
9 + 1 = [10]
10 + 0 = [10]

수 모으기와 가르기

모으기

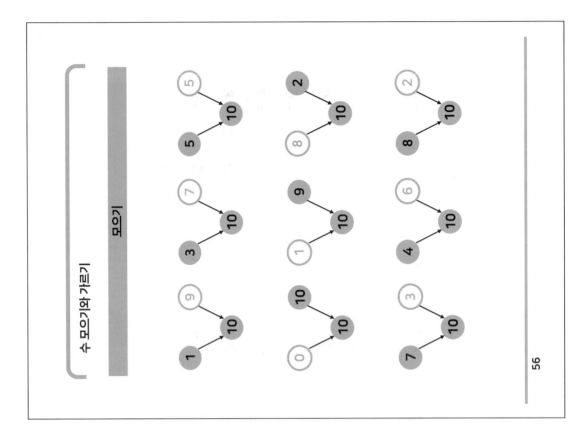

익히기

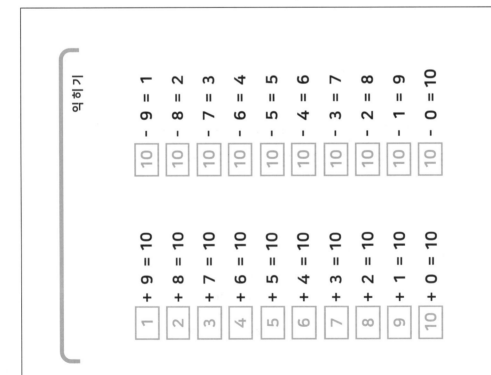

1	+ 9 = 10
2	+ 8 = 10
3	+ 7 = 10
4	+ 6 = 10
5	+ 5 = 10
6	+ 4 = 10
7	+ 3 = 10
8	+ 2 = 10
9	+ 1 = 10
10	+ 0 = 10

10	- 9 = 1
10	- 8 = 2
10	- 7 = 3
10	- 6 = 4
10	- 5 = 5
10	- 4 = 6
10	- 3 = 7
10	- 2 = 8
10	- 1 = 9
10	- 0 = 10

수 모으기와 가르기

가르기

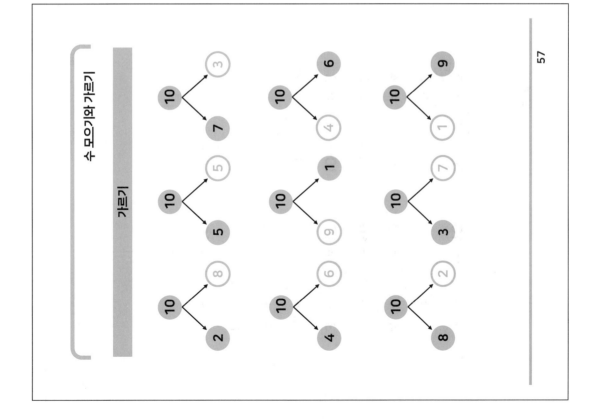

익히기

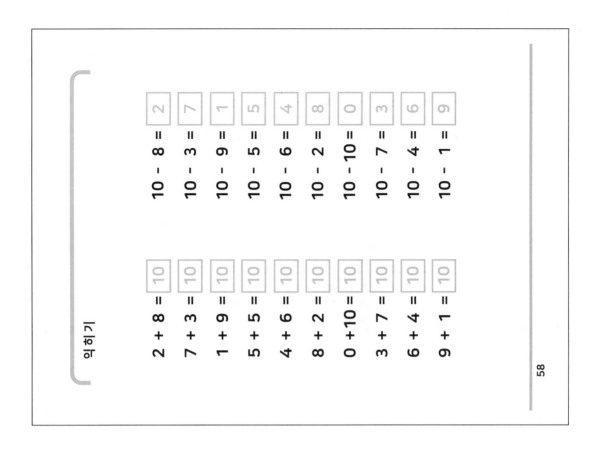

$2 + 8 = 10$ $10 - 8 = 2$

$7 + 3 = 10$ $10 - 3 = 7$

$1 + 9 = 10$ $10 - 9 = 1$

$5 + 5 = 10$ $10 - 5 = 5$

$4 + 6 = 10$ $10 - 6 = 4$

$8 + 2 = 10$ $10 - 2 = 8$

$0 + 10 = 10$ $10 - 10 = 0$

$3 + 7 = 10$ $10 - 7 = 3$

$6 + 4 = 10$ $10 - 4 = 6$

$9 + 1 = 10$ $10 - 1 = 9$

59

$7 + 3 = 10$ $10 - 3 = 7$
$2 + 8 = 10$ $10 - 8 = 2$
$4 + 6 = 10$ $10 - 6 = 4$
$8 + 2 = 10$ $10 - 2 = 8$
$3 + 7 = 10$ $10 - 7 = 3$
$10 + 0 = 10$ $10 - 0 = 10$
$9 + 1 = 10$ $10 - 1 = 9$
$6 + 4 = 10$ $10 - 4 = 6$
$1 + 9 = 10$ $10 - 9 = 1$
$5 + 5 = 10$ $10 - 5 = 5$

60

$6 + 4 = 10$ $10 - 9 = 1$
$3 + 7 = 10$ $10 - 2 = 8$
$5 + 5 = 10$ $10 - 6 = 4$
$8 + 2 = 10$ $10 - 7 = 3$
$10 + 0 = 10$ $10 - 1 = 9$
$8 + 2 = 10$ $10 - 3 = 7$
$4 + 6 = 10$ $10 - 8 = 2$
$1 + 9 = 10$ $10 - 4 = 6$
$2 + 8 = 10$ $10 - 0 = 10$
$7 + 3 = 10$ $10 - 5 = 5$

page 63

뺄셈
- 9 − 7 = 2
- 9 − 2 = 7

덧셈
- 2 + 7 = 9
- 7 + 2 = 9

- 7 − 3 = 4
- 7 − 4 = 3
- 3 + 4 = 7
- 4 + 3 = 7

- 8 − 3 = 5
- 8 − 5 = 3
- 3 + 5 = 8
- 5 + 3 = 8

- 9 − 3 = 6
- 9 − 6 = 3
- 3 + 6 = 9
- 6 + 3 = 9

---

page 62

덧셈 (더하기 , 합)   작은수 + 작은수 = 큰수

뺄셈 (빼기 , 차)   큰수 − 작은수 = 작은수

- 6 − 2 = 4
- 6 − 4 = 2
- 2 + 4 = 6
- 4 + 2 = 6

- 7 − 2 = 5
- 7 − 5 = 2
- 2 + 5 = 7
- 5 + 2 = 7

- 8 − 2 = 6
- 8 − 6 = 2
- 2 + 6 = 8
- 6 + 2 = 8

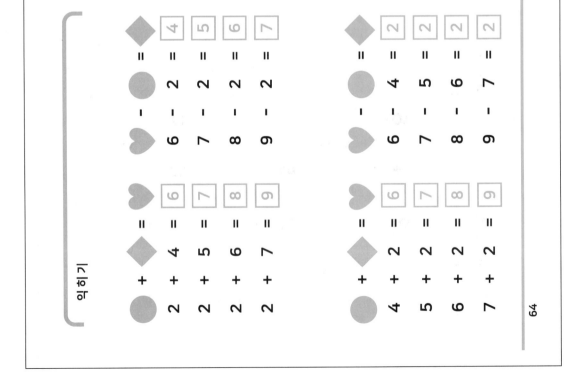

익히기

익히기

65

64

익히기

$3 + 4 = \boxed{7}$ $7 - 4 = \boxed{3}$
$3 + 5 = \boxed{8}$ $8 - 5 = \boxed{3}$
$3 + 6 = \boxed{9}$ $9 - 6 = \boxed{3}$

$4 + \boxed{3} = 7$ $7 - \boxed{3} = 4$
$5 + \boxed{3} = 8$ $8 - \boxed{3} = 5$
$6 + \boxed{3} = 9$ $9 - \boxed{3} = 6$

$\boxed{3} + 4 = 7$ $\boxed{7} - 4 = 3$
$\boxed{3} + 5 = 8$ $\boxed{8} - 5 = 3$
$\boxed{3} + 6 = 9$ $\boxed{9} - 6 = 3$

익히기

$2 + 4 = \boxed{6}$ $6 - 4 = \boxed{2}$
$2 + 5 = \boxed{7}$ $7 - 5 = \boxed{2}$
$2 + 6 = \boxed{8}$ $8 - 6 = \boxed{2}$
$2 + 7 = \boxed{9}$ $9 - 7 = \boxed{2}$

$4 + \boxed{2} = 6$ $6 - \boxed{2} = 4$
$5 + \boxed{2} = 7$ $7 - \boxed{2} = 5$
$6 + \boxed{2} = 8$ $8 - \boxed{2} = 6$
$7 + \boxed{2} = 9$ $9 - \boxed{2} = 7$

$\boxed{2} + 4 = 6$ $\boxed{6} - 4 = 2$
$\boxed{2} + 5 = 7$ $\boxed{7} - 5 = 2$
$\boxed{2} + 6 = 8$ $\boxed{8} - 6 = 2$
$\boxed{2} + 7 = 9$ $\boxed{9} - 7 = 2$

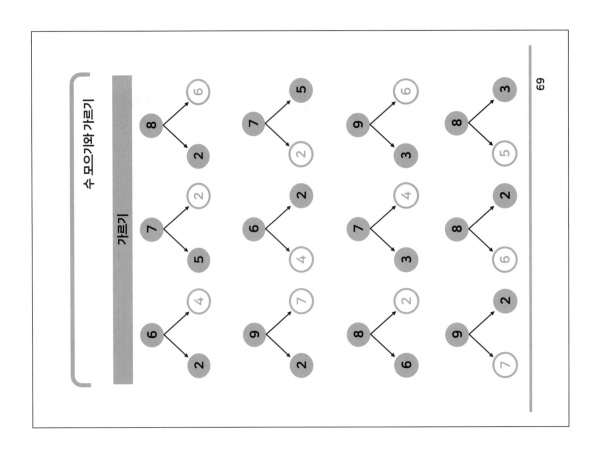

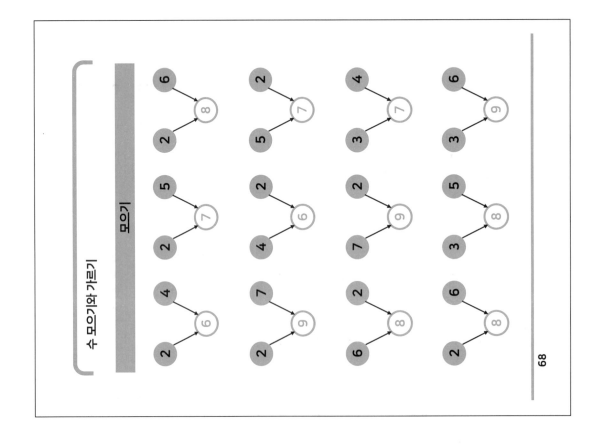

70

익히기

$9 - 3 = \boxed{6}$
$9 - 6 = \boxed{3}$

$3 + 6 = \boxed{9}$
$6 + 3 = \boxed{9}$

$7 - 2 = \boxed{5}$
$7 - 5 = \boxed{2}$

$2 + 5 = \boxed{7}$
$5 + 2 = \boxed{7}$

$9 - 2 = \boxed{7}$
$9 - 7 = \boxed{2}$

$2 + 7 = \boxed{9}$
$7 + 2 = \boxed{9}$

$8 - 3 = \boxed{5}$
$8 - 5 = \boxed{3}$

$3 + 5 = \boxed{8}$
$5 + 3 = \boxed{8}$

$8 - 2 = \boxed{6}$
$8 - 6 = \boxed{2}$

$2 + 6 = \boxed{8}$
$6 + 2 = \boxed{8}$

71

익히기

$7 - 3 = \boxed{4}$
$7 - 4 = \boxed{3}$

$3 + 4 = \boxed{7}$
$4 + 3 = \boxed{7}$

$6 - 2 = \boxed{4}$
$6 - 4 = \boxed{2}$

$2 + 4 = \boxed{6}$
$4 + 2 = \boxed{6}$

$6 - 2 = \boxed{4}$
$\boxed{6} - 4 = 2$

$2 + 4 = \boxed{6}$
$\boxed{4} + 2 = 6$

$8 - 3 = \boxed{5}$
$\boxed{8} - 5 = 3$

$3 + 5 = \boxed{8}$
$\boxed{5} + 3 = 8$

$9 - 2 = \boxed{7}$
$\boxed{9} - 7 = 2$

$2 + 7 = \boxed{9}$
$\boxed{7} + 2 = 9$

익히기

1 더하기
1 + 0 = 1
1 + 1 = 2

1 작은 수
1 - 1 = 0
2 - 1 = 1

2 더하기
2 + 0 = 2
2 + 1 = 3
2 + 2 = 4
2 + 3 = 5
2 + 4 = 6
2 + 5 = 7
2 + 6 = 8
2 + 7 = 9
2 + 8 = 10

2 작은 수
2 - 2 = 0
3 - 2 = 1
4 - 2 = 2
5 - 2 = 3
6 - 2 = 4
7 - 2 = 5
8 - 2 = 6
9 - 2 = 7
10 - 2 = 8

익히기

2 + 5 = 7
5 + 2 = 7

2 + 6 = 8
6 + 2 = 8

3 + 6 = 9
6 + 3 = 9

3 + 4 = 7
4 + 3 = 7

3 + 6 = 9
6 + 3 = 9

7 - 2 = 5
7 - 5 = 2

8 - 2 = 6
8 - 6 = 2

9 - 3 = 6
9 - 6 = 3

7 - 3 = 4
7 - 4 = 3

9 - 5 = 4
9 - 4 = 5

익히기

5 더하기
5 + 0 = 5
5 + 1 = 6
5 + 2 = 7
5 + 3 = 8
5 + 4 = 9
5 + 5 = 10

6 더하기
6 + 0 = 6
6 + 1 = 7
6 + 2 = 8
6 + 3 = 9
6 + 4 = 10

5 작은 수
5 - 5 = 0
6 - 5 = 1
7 - 5 = 2
8 - 5 = 3
9 - 5 = 4
10 - 5 = 5

6 작은 수
6 - 6 = 0
7 - 6 = 1
8 - 6 = 2
9 - 6 = 3
10 - 6 = 4

익히기

3 더하기
3 + 0 = 3
3 + 1 = 4
3 + 2 = 5
3 + 3 = 6
3 + 4 = 7
3 + 5 = 8
3 + 6 = 9
3 + 7 = 10

4 더하기
4 + 0 = 4
4 + 1 = 5
4 + 2 = 6
4 + 3 = 7
4 + 4 = 8
4 + 5 = 9
4 + 6 = 10

3 작은 수
3 - 3 = 0
4 - 3 = 1
5 - 3 = 2
6 - 3 = 3
7 - 3 = 4
8 - 3 = 5
9 - 3 = 6
10 - 3 = 7

4 작은 수
4 - 4 = 0
5 - 4 = 1
6 - 4 = 2
7 - 4 = 3
8 - 4 = 4
9 - 4 = 5
10 - 4 = 6

익히기

7 작은 수
7 - 7 = 0
8 - 7 = 1
9 - 7 = 2
10 - 7 = 3

8 작은 수
8 - 8 = 0
9 - 8 = 1
10 - 8 = 2

9 작은 수
9 - 9 = 0
10 - 9 = 1

10 작은 수
10 - 10 = 0

7 더하기
7 + 0 = 7
7 + 1 = 8
7 + 2 = 9
7 + 3 = 10

8 더하기
8 + 0 = 8
8 + 1 = 9
8 + 2 = 10

9 더하기
9 + 0 = 9
9 + 1 = 10

10 더하기
10 + 0 = 10

가로셈

3 + 5 = 8
2 + 7 = 9
4 + 4 = 8
1 + 6 = 7
2 + 8 = 10
6 + 3 = 9
2 + 4 = 8
5 + 5 = 10
6 + 2 = 8
3 + 3 = 6
5 + 4 = 9

6 - 2 = 4
4 - 1 = 3
7 - 4 = 3
9 - 5 = 4
10 - 3 = 7
5 - 0 = 5
3 - 1 = 2
8 - 4 = 4
10 - 9 = 1
6 - 4 = 2
7 - 2 = 5

79

가로셈

2 + 7 = [9]　　8 - 5 = [3]
4 + 5 = [9]　　6 - 3 = [3]
3 + 6 = [9]　　5 - 1 = [4]
1 + 9 = [10]　2 - 2 = [0]
8 + 2 = [10]　9 - 4 = [5]
5 + 3 = [8]　　7 - 6 = [1]
7 + 1 = [8]　　4 - 4 = [0]
6 + 2 = [8]　　3 - 0 = [3]
2 + 3 = [5]　　10 - 7 = [3]
4 + 4 = [8]　　6 - 5 = [1]
9 + 0 = [9]　　8 - 2 = [6]

세로셈

```
  3      6      7      5
+ 3    + 2    + 1    + 4
─────  ─────  ─────  ─────
 [6]    [8]    [8]    [9]

  2      5      3      2
+ 3    + 5    + 5    + 6
─────  ─────  ─────  ─────
 [5]   [10]    [8]    [8]

  1      4      6      2
+ 1    + 1    + 3    + 4
─────  ─────  ─────  ─────
 [2]    [5]    [9]    [6]

  4      2      4      2
+ 3    + 5    + 6    + 7
─────  ─────  ─────  ─────
 [7]    [7]   [10]    [9]

  3      5      2      5
+ 7    + 5    + 4    + 3
─────  ─────  ─────  ─────
[10]   [10]    [6]    [8]
```

세로셈

8 + 1 = 9	2 + 5 = 7	4 + 3 = 7	6 + 2 = 8
4 + 4 = 8	3 + 6 = 9	7 + 0 = 7	3 + 3 = 6
4 + 6 = 10	7 + 3 = 10	1 + 2 = 3	2 + 4 = 6
5 + 4 = 9	3 + 2 = 5	3 + 3 = 6	5 + 0 = 5
2 + 7 = 9	1 + 6 = 7	5 + 2 = 7	4 + 3 = 7

세로셈

4 − 2 = 2	7 − 2 = 5	6 − 3 = 3	8 − 5 = 3
8 − 4 = 4	9 − 7 = 2	3 − 2 = 1	5 − 3 = 2
9 − 6 = 3	7 − 1 = 6	6 − 4 = 2	7 − 3 = 4
8 − 2 = 6	7 − 4 = 3	9 − 5 = 4	5 − 1 = 4
5 − 4 = 1	6 − 1 = 5	9 − 4 = 5	7 − 6 = 1

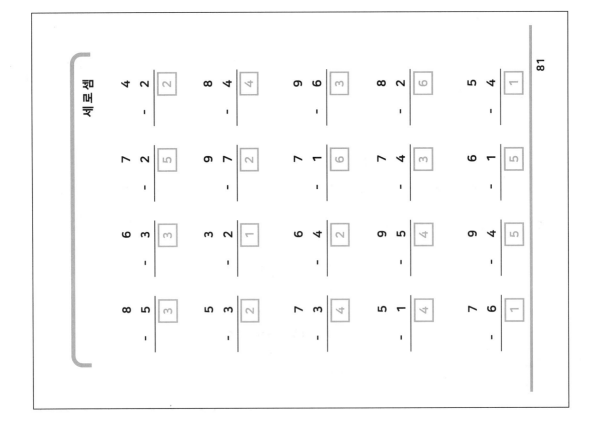

세로셈

(83)

8 − 6 = 2	9 − 3 = 6	7 − 5 = 2	2 − 1 = 1
6 − 5 = 1	4 − 3 = 1	5 − 2 = 3	10 − 4 = 6
10 − 5 = 5	8 − 3 = 5	7 − 0 = 7	3 − 3 = 0
8 − 7 = 1	6 − 3 = 3	9 − 2 = 7	5 − 4 = 1
10 − 7 = 3	6 − 0 = 6	6 − 2 = 4	9 − 8 = 1

세로셈

(84)

7 + 3 = 10	3 + 2 = 5	5 + 1 = 6	2 + 2 = 4
4 + 6 = 10	5 + 3 = 8	4 + 2 = 6	1 + 8 = 9
5 + 2 = 7	4 + 4 = 8	9 + 1 = 10	3 + 6 = 9
4 + 5 = 9	8 + 2 = 10	3 + 4 = 7	7 + 2 = 9
1 + 4 = 5	3 + 3 = 6	2 + 2 = 4	6 + 4 = 10

세로셈

$10 - 4 = \boxed{6}$ $3 - 2 = \boxed{1}$ $6 - 5 = \boxed{1}$ $9 - 2 = \boxed{7}$

$2 - 1 = \boxed{1}$ $8 - 6 = \boxed{2}$ $5 - 3 = \boxed{2}$ $7 - 1 = \boxed{6}$

$6 - 2 = \boxed{4}$ $5 - 1 = \boxed{4}$ $8 - 2 = \boxed{6}$ $4 - 4 = \boxed{0}$

$8 - 3 = \boxed{5}$ $6 - 4 = \boxed{2}$ $7 - 5 = \boxed{2}$ $3 - 0 = \boxed{3}$

$4 - 3 = \boxed{1}$ $7 - 4 = \boxed{3}$ $10 - 3 = \boxed{7}$ $9 - 6 = \boxed{3}$

세 수의 덧셈

$3 + 1 \;(④) + 4 = \boxed{8}$ $5 + 3 \;(⑧) + 2 = \boxed{10}$

$2 + 1 \;(③) + 3 = \boxed{6}$ $2 + 1 \;(③) + 3 = \boxed{6}$

$4 + 1 \;(⑤) + 5 = \boxed{10}$ $3 + 0 \;(③) + 4 = \boxed{7}$

$5 + 3 \;(⑧) + 2 = \boxed{10}$ $8 + 1 \;(⑨) + 1 = \boxed{10}$

$3 + 4 \;(⑦) + 2 = \boxed{9}$ $4 + 5 \;(⑨) + 1 = \boxed{10}$

$2 + 4 \;(⑥) + 1 = \boxed{7}$ $2 + 5 \;(⑦) + 0 = \boxed{7}$

$8 + 0 \;(⑧) + 2 = \boxed{10}$ $4 + 4 \;(⑧) + 1 = \boxed{9}$

$9 + 0 \;(⑨) + 1 = \boxed{10}$ $6 + 1 \;(⑦) + 3 = \boxed{10}$

세 수의 덧셈

2 + 2 + 4 = 8   3 + 3 + 2 = 8
(4)

3 + 1 + 5 = 9   4 + 1 + 3 = 8
(4)

4 + 2 + 4 = 10   5 + 0 + 4 = 9
(6)

5 + 2 + 1 = 8   7 + 1 + 2 = 10
(7)

3 + 1 + 2 = 6   3 + 6 + 1 = 10
(4)

1 + 4 + 2 = 7   2 + 8 + 0 = 10
(5)

8 + 0 + 2 = 10   0 + 9 + 1 = 10
(8)

9 + 1 + 0 = 10   5 + 1 + 3 = 9
(10)

세 수의 뺄셈

4 - 2 - 2 = 0   6 - 2 - 3 = 1
(2)

7 - 3 - 2 = 2   8 - 2 - 4 = 2
(4)

8 - 5 - 0 = 3   9 - 7 - 1 = 1
(3)

5 - 3 - 1 = 1   7 - 0 - 6 = 1
(2)

6 - 4 - 2 = 0   4 - 1 - 2 = 1
(2)

10 - 2 - 6 = 2   8 - 3 - 5 = 0
(8)

9 - 5 - 2 = 2   10 - 4 - 2 = 4
(4)

8 - 2 - 4 = 2   6 - 1 - 3 = 2
(6)

세 수의 뺄셈

7 - 1 - 4 = [2] (6) 5 - 1 - 1 = [3] (4)

5 - 3 - 2 = [0] (2) 8 - 3 - 4 = [1] (5)

6 - 0 - 2 = [4] (6) 6 - 2 - 3 = [1] (4)

5 - 3 - 1 = [1] (2) 7 - 5 - 2 = [0] (2)

9 - 4 - 2 = [3] (5) 4 - 1 - 2 = [1] (3)

10 - 1 - 7 = [2] (9) 9 - 3 - 3 = [3] (6)

8 - 5 - 2 = [1] (3) 10 - 6 - 2 = [2] (4)

6 - 1 - 3 = [2] (5) 5 - 0 - 4 = [1] (5)

세 수의 덧셈

2 + 3 + [5] = 10 (5) 8 + 2 + [0] = 10 (10)

1 + 9 + [0] = 10 (10) 1 + 1 + [8] = 10 (2)

6 + 2 + [2] = 10 (8) 4 + 5 + [1] = 10 (9)

3 + 4 + [3] = 10 (7) 6 + 1 + [3] = 10 (7)

2 + 2 + [6] = 10 (4) 7 + 2 + [1] = 10 (9)

2 + 5 + [3] = 10 (7) 4 + 2 + [4] = 10 (6)

4 + 4 + [2] = 10 (8) 2 + 1 + [7] = 10 (3)

1 + 0 + [9] = 10 (1) 6 + 2 + [2] = 10 (8)

세 수의 뺄셈

10 - 2 - 6 = 2   (8)
10 - 3 - 4 = 3   (7)
10 - 5 - 1 = 4   (5)
10 - 4 - 2 = 4   (6)
10 - 3 - 6 = 1   (7)
10 - 2 - 2 = 6   (8)
10 - 1 - 0 = 9   (9)
10 - 7 - 2 = 1   (3)

10 - 1 - 1 = 8   (9)
10 - 2 - 4 = 4   (8)
10 - 7 - 1 = 2   (3)
10 - 3 - 2 = 5   (7)
10 - 2 - 1 = 7   (8)
10 - 3 - 5 = 2   (7)
10 - 5 - 4 = 1   (5)
10 - 3 - 3 = 4   (7)

수 읽기

10 + 1 = 11
10 + 2 = 12
10 + 3 = 13
10 + 4 = 14
10 + 5 = 15
10 + 6 = 16
10 + 7 = 17
10 + 8 = 18
10 + 9 = 19

5 + 10 = 15
7 + 10 = 17
6 + 10 = 16
9 + 10 = 19
8 + 10 = 18
2 + 10 = 12
1 + 10 = 11
4 + 10 = 14
3 + 10 = 13

11은 10개씩 묶음 1개와 낱개 1
12는 10개씩 묶음 1개와 낱개 2
13은 10개씩 묶음 1개와 낱개 3
14는 10개씩 묶음 1개와 낱개 4
15는 10개씩 묶음 1개와 낱개 5
16은 10개씩 묶음 1개와 낱개 6
17은 10개씩 묶음 1개와 낱개 7
18은 10개씩 묶음 1개와 낱개 8
19는 10개씩 묶음 1개와 낱개 9

수 읽기

11 (십일 , 열하나)	11 (십일 , 열하나)
12 (십이 , 열둘)	12 (십이 , 열둘)
13 (십삼 , 열셋)	13 (십삼 , 열셋)
14 (십사 , 열넷)	14 (십사 , 열넷)
15 (십오 , 열다섯)	15 (십오 , 열다섯)
16 (십육 , 열여섯)	16 (십육 , 열여섯)
17 (십칠 , 열일곱)	17 (십칠 , 열일곱)
18 (십팔 , 열여덟)	18 (십팔 , 열여덟)
19 (십구 , 열아홉)	19 (십구 , 열아홉)

수 읽기

11 (십일 , 열하나)	15 (십오 , 열다섯)
12 (십이 , 열둘)	17 (십칠 , 열일곱)
13 (십삼 , 열셋)	11 (십일 , 열하나)
14 (십사 , 열넷)	19 (십구 , 열아홉)
15 (십오 , 열다섯)	14 (십사 , 열넷)
16 (십육 , 열여섯)	18 (십팔 , 열여덟)
17 (십칠 , 열일곱)	12 (십이 , 열둘)
18 (십팔 , 열여덟)	16 (십육 , 열여섯)
19 (십구 , 열아홉)	13 (십삼 , 열셋)

10을 만들어 더하기

$3 + 7 + 5 = 15$

$2 + 8 + 6 = 16$

$6 + 4 + 3 = 13$

$1 + 8 + 9 = 18$

$5 + 7 + 5 = 17$

$4 + 4 + 6 = 14$

$2 + 9 + 1 = 12$

$9 + 5 + 5 = 19$

$7 + 1 + 3 = 11$

$8 + 5 + 2 = 15$

$5 + 3 + 7 = 15$

$6 + 8 + 2 = 16$

$3 + 4 + 6 = 13$

$9 + 8 + 1 = 18$

$5 + 7 + 5 = 17$

$6 + 4 + 4 = 14$

$1 + 9 + 2 = 12$

$5 + 5 + 9 = 19$

$3 + 1 + 7 = 11$

$2 + 5 + 8 = 15$

10을 만들어 더하기

$2 + 8 + 6 = 16$

$3 + 4 + 7 = 14$

$4 + 6 + 2 = 12$

$7 + 1 + 9 = 17$

$10 + 0 + 8 = 18$

$5 + 2 + 5 = 12$

$6 + 4 + 4 = 14$

$5 + 7 + 3 = 15$

$9 + 8 + 1 = 18$

$5 + 5 + 6 = 16$

$7 + 3 + 6 = 16$

$5 + 7 + 5 = 17$

$1 + 9 + 8 = 18$

$4 + 8 + 2 = 14$

$4 + 3 + 6 = 13$

$2 + 3 + 7 = 12$

$5 + 4 + 5 = 14$

$2 + 8 + 9 = 19$

$0 + 10 + 5 = 15$

$9 + 2 + 1 = 12$

10을 만들어 더하기

1 + 9 + 4 = 14   6 + 10 + 0 = 16

5 + 5 + 5 = 15   4 + 1 + 6 = 11

7 + 4 + 6 = 17   3 + 5 + 7 = 15

3 + 9 + 7 = 19   8 + 2 + 9 = 19

8 + 2 + 8 = 18   5 + 6 + 5 = 16

9 + 3 + 1 = 13   9 + 7 + 1 = 17

7 + 3 + 1 = 11   7 + 3 + 8 = 18

6 + 2 + 4 = 12   10 + 5 + 0 = 15

6 + 5 + 5 = 16   4 + 2 + 6 = 12

2 + 4 + 8 = 14   9 + 2 + 8 = 19

1~50까지의 수 쓰고 읽기

1~50까지의 수 쓰고 읽기

1	2	3	4	5	6	7	8	9	10
11	12	13	14	15	16	17	18	19	20
21	22	23	24	25	26	27	28	29	30
31	32	33	34	35	36	37	38	39	40
41	42	43	44	45	46	47	48	49	50

1~50까지의 수 쓰고 읽기

1	2	3	4	5	6	7	8	9	10
11	12	13	14	15	16	17	18	19	20
21	22	23	24	25	26	27	28	29	30
31	32	33	34	35	36	37	38	39	40
41	42	43	44	45	46	47	48	49	50

수 읽기

10(십 , 열)   10(십 , 열)
20(이십 , 스물)   20(이십 , 스물)
30(삼십 , 서른)   30(삼십 , 서른)
40(사십 , 마흔)   40(사십 , 마흔)
50(오십 , 쉰)   50(오십 , 쉰)
30(삼십 , 서른)   50(오십 , 쉰)
10(십 , 열)   20(이십 , 스물)
40(사십 , 마흔)   10(십 , 열)
50(오십 , 쉰)   30(삼십 , 서른)
20(이십 , 스물)   40(사십 , 마흔)

수 읽기

10은 10개씩 묶음 [1] 개
20은 10개씩 묶음 [2] 개
30은 10개씩 묶음 [3] 개
40은 10개씩 묶음 [4] 개
50은 10개씩 묶음 [5] 개

24은 10개씩 묶음 [2] 개와 낱개 [4]
49는 10개씩 묶음 [4] 개와 낱개 [9]
17은 10개씩 묶음 [1] 개와 낱개 [7]
36는 10개씩 묶음 [3] 개와 낱개 [6]
45는 10개씩 묶음 [4] 개와 낱개 [5]
28은 10개씩 묶음 [2] 개와 낱개 [8]
12은 10개씩 묶음 [1] 개와 낱개 [2]
31는 10개씩 묶음 [3] 개와 낱개 [1]
23는 10개씩 묶음 [2] 개와 낱개 [3]

1작은수   1큰수

35 = 30 + 5   (25) - 26 - (27)

29 = 20 + 9   (46) - 47 - (48)

14 = 10 + 4   (30) - 31 - (32)

46 = 40 + 6   (18) - 19 - (20)

17 = 10 + 7   (44) - 45 - (46)

43 = 40 + 3   (27) - 28 - (29)

22 = 20 + 2   (29) - 30 - (31)

38 = 30 + 8   (13) - 14 - (15)

47 = 40 + 7   (42) - 43 - (44)

13 = 10 + 3   (19) - 20 - (21)

1작은수   1큰수

12 = 10 + 2   (37) - 38 - (39)

35 = 30 + 5   (11) - 12 - (13)

24 = 20 + 4   (45) - 46 - (47)

47 = 40 + 7   (26) - 27 - (28)

38 = 30 + 8   (12) - 13 - (14)

22 = 20 + 2   (48) - 49 - (50)

26 = 20 + 6   (33) - 34 - (35)

45 = 40 + 5   (24) - 25 - (26)

19 = 10 + 9   (30) - 31 - (32)

33 = 30 + 3   (15) - 16 - (17)

가로셈

3 + 2 = 5
4 + 1 = 5
5 + 0 = 5
1 + 4 = 5
2 + 3 = 5
5 + 1 = 6
5 + 4 = 9
5 + 2 = 7
5 + 5 = 10
5 + 3 = 8

5 - 2 = 3
5 - 4 = 1
5 - 0 = 5
5 - 1 = 4
5 - 3 = 2
6 - 5 = 1
9 - 4 = 5
7 - 5 = 2
10 - 5 = 5
8 - 3 = 5

가로셈

2 + 8 = 10
4 + 6 = 10
7 + 3 = 10
1 + 9 = 10
8 + 2 = 10
5 + 5 = 10
3 + 7 = 10
6 + 4 = 10
2 + 8 = 10
10 + 0 = 10
9 + 1 = 10

10 - 2 = 8
10 - 6 = 4
10 - 7 = 3
10 - 9 = 1
10 - 8 = 2
10 - 5 = 5
10 - 3 = 7
10 - 4 = 6
10 - 2 = 8
10 - 0 = 10
10 - 1 = 9

가로셈

3 + 6 = [9] 9 − 3 = [6]
4 + 2 = [6] 6 − 2 = [4]
2 + 6 = [8] 8 − 2 = [6]
3 + 4 = [7] 7 − 4 = [3]
7 + 2 = [9] 9 − 7 = [2]
2 + 5 = [7] 7 − 2 = [5]
4 + 3 = [7] 7 − 3 = [4]
6 + 3 = [9] 9 − 6 = [3]
2 + 4 = [6] 6 − 2 = [4]
6 + 2 = [8] 8 − 6 = [2]
2 + 7 = [9] 9 − 2 = [7]

세로셈

3 + 3 = [6]	1 + 1 = [2]	6 − 3 = [3]	2 − 1 = [1]
2 + 2 = [4]	4 + 4 = [8]	4 − 2 = [2]	8 − 4 = [4]
5 + 5 = [10]	4 + 1 = [5]	10 − 5 = [5]	5 − 4 = [1]
8 + 0 = [8]	1 + 7 = [8]	8 − 0 = [8]	8 − 7 = [1]
6 + 1 = [7]	0 + 10 = [10]	8 − 6 = [2]	10 − 0 = [10]

110

6 − 4 = 2	5 − 1 = 4	6 + 3 = 9	4 + 3 = 7
8 − 6 = 2	9 − 5 = 4	4 + 5 = 9	2 + 5 = 7
5 − 4 = 1	7 − 2 = 5	4 + 2 = 6	6 + 1 = 7
8 − 7 = 1	9 − 6 = 3	2 + 3 = 5	5 + 3 = 8
7 − 3 = 4	5 − 2 = 3	1 + 9 = 10	2 + 7 = 9

111

5 − 4 = 1	7 − 1 = 6	6 + 2 = 8	3 + 3 = 6
6 − 2 = 4	8 − 5 = 3	5 + 5 = 10	2 + 3 = 5
4 − 2 = 2	6 − 3 = 3	3 + 6 = 9	7 + 2 = 9
8 − 6 = 2	7 − 3 = 4	2 + 5 = 7	4 + 3 = 7
5 − 3 = 2	9 − 4 = 5	5 + 4 = 9	3 + 7 = 10

세 수의 뺄셈

9 - 2 - 3 = 4 ⑦
8 - 1 - 4 = 3 ⑦
7 - 5 - 1 = 1 ②
6 - 0 - 2 = 4 ⑥
5 - 4 - 1 = 0 ①
8 - 3 - 3 = 2 ⑤
8 - 3 - 1 = 4 ⑤

세 수의 덧셈

3 + 3 + 4 = 10 ⑥
2 + 4 + 2 = 8 ⑥
1 + 5 + 3 = 9 ⑥
5 + 2 + 0 = 7 ⑦
1 + 6 + 1 = 8 ⑦
5 + 1 + 3 = 9 ⑥
1 + 1 + 7 = 9 ②

세 수의 뺄셈

8 - 2 - 6 = 0 ⑥
7 - 1 - 4 = 2 ⑥
8 - 4 - 3 = 1 ④
7 - 2 - 3 = 2 ⑤
9 - 6 - 3 = 0 ③
8 - 2 - 2 = 4 ⑥
10 - 5 - 3 = 2 ⑤

세 수의 덧셈

3 + 2 + 4 = 9 ⑤
1 + 4 + 5 = 10 ⑤
5 + 0 + 3 = 8 ⑤
4 + 3 + 2 = 9 ⑦
2 + 2 + 2 = 6 ④
1 + 3 + 5 = 9 ④
2 + 3 + 5 = 10 ⑤

세 수의 덧셈과 뺄셈

9 - 2 + 3 = 10 ⑦
8 + 1 - 4 = 5 ⑨
3 - 2 + 6 = 7 ①
2 + 4 - 1 = 5 ⑥
6 - 4 + 3 = 5 ②
7 + 3 - 5 = 5 ⑩
9 - 2 + 3 = 10 ⑦

6 + 2 - 4 = 4 ⑧
7 - 3 + 2 = 6 ④
5 + 3 - 1 = 7 ⑧
9 - 7 + 8 = 10 ②
4 + 5 - 3 = 6 ⑨
8 - 6 + 5 = 7 ②
2 + 7 - 6 = 3 ⑨

세 수의 덧셈

2 + 5 + 3 = 10 ⑦
2 + 2 + 6 = 10 ④
4 + 2 + 4 = 10 ⑥
5 + 3 + 2 = 10 ⑧
3 + 4 + 3 = 10 ⑦
1 + 1 + 8 = 10 ②
6 + 3 + 1 = 10 ⑨

세 수의 뺄셈

10 - 3 - 2 = 5 ⑦
10 - 5 - 4 = 1 ⑤
10 - 2 - 1 = 7 ⑧
10 - 6 - 2 = 2 ④
10 - 1 - 1 = 8 ⑨
10 - 4 - 3 = 3 ⑥
10 - 2 - 4 = 4 ⑧

유치 · 초등 1학년 대상의
사고력 연산 매쓰쿠키

 어려운 연산은 NO

지루하고 반복되는 연산 학습은 그만~
이제 읽고 노래 부르며 익히는 덧셈의 수 패턴으로 기억하기
쉽고 재미있게 연산에 자신감을 심어줍니다.

 덧셈과 뺄셈을 동시에

작은수와 큰수를 로 구별하여
덧셈과 뺄셈을 동시에 익히는 정확하고 빠른 연산입니다.

 교과와 연계된 다양한 유형의 문제

개정된 교과 과정에 맞추어 연산의 기본 유형 외에
여러가지 다양한 유형의 문제를 익힐 수 있습니다.

 초등 방정식 익히기

덧셈과 뺄셈의 연관성을 이해하고 활용하여 식을 변형시키는
초등 방정식을 쉽게 익힙니다.

 유튜브 동영상 활용

큐알코드를 통한 유튜브 동영상으로 수 패턴을 재밌게 익힐 수 있습니다.

 별첨 자료의 활용

수 익힘판, 수 카드 등으로 수 패턴을 익히고, 교육기관의 홍보 자료로도
활용이 가능합니다.

이름